매일 먹고 싶은 '밥 같은'

쿠키와 비스킷

버터는 물론 생크림도 사용하지 않은, 몸에 좋은 과자 레시피

매일 먹고 싶은 '밥 같은' 쿠키와 비스킷

나카시마 시호 지음 · 이은경 옮김

이아소

들어가며…

오랫동안 꿈에 그리던 오븐이 드디어 우리 집에 들어온 것은 초등학교 때였다.

그 반짝반짝 빛나던 오븐으로 제일 처음 만들었던 것이 바로 쿠키다.

나름대로 예쁜 쿠키 틀로 한껏 모양을 낸다고 했는데, 아뿔싸 꺼내고 보니 쿠키가 모조리 한 장으로 다 붙어 있었다!

그러나 다행히 맛만큼은 기대 이상이어서 쿠키 하나로 마냥 행복했던 어린 시절의 추억이 지금도 생생하다.

그로부터 시간이 흘러, 선천적인 알레르기 체질로 고생하는 가족은 물론 나 역시 건강이 좋지 않았던 탓에 안심하고 먹을 수 있는 먹을거리가 매우 절실했다. 그러나 아무리 자연식품점을 뒤져도 좀처럼 마음에 드는 것이 눈에 들어오지 않았다.

그렇다면 내가 직접 한번 만들어보자는 생각으로 우선 쿠키에 도전해보았다. 단, 어릴 때 만들었던 쿠키와 다른 점은 버터가 아닌 유채유(카놀라유)를 사용하자는 것이었다.

가능한 한 단순한 재료로 만들고 싶었기에 기본 재료는 밀가루, 유기농설탕(정제되지 않은 설탕), 유채유로 한정했다. 그런데 막상 시작해보니 너무 딱딱하기도 하고, 또 어떤 때는 너무 기름지는 등 좀처럼 생각대로 되지 않아 실패를 수없이 거듭했다.

내가 타고난 채식주의자가 아니었던 탓에 무의식중에 버터가 듬뿍 들어간 쿠키가 여전히 머

4

릿속에 있었다. 자연주의 쿠키를 만들어보겠다고 하면서도 나도 모르게 버터의 진한 맛을 원했던 것이다.

실패를 거듭하던 어느 날 문득 그 사실을 깨달았다.

버터 대신이라고 생각하니까 잘 만들어지지 않는 거야.

무언가의 대신이 아니라 지금 있는 재료만으로도 맛있게 만들어낼 수 있어.

유채유의 장점을 충분히 활용해서 맛있는 쿠키를 만들면 되잖아.

이렇게 생각하니 점점 머릿속으로 상상했던 이미지에 가까운 쿠키가 완성되었다.

쿠키의 매력은 언제 어디서나 간편히 먹을 수 있다는 점이다.

쿠키 한 조각으로 몸과 마음을 넉넉히 채워줄 수 있는, 그런 쿠키가 항상 가까이 있으면 얼마나 든든할까.

너츠류나 말린 과일, 통밀가루, 오트밀 등 영양이 풍부한 재료가 듬뿍 들어 있어 매일 먹어도 부담스럽지 않은 밥과 같은 간식.

여러분도 건강하고 맛있는 쿠키를 매일매일 즐길 수 있다면 나로서는 더할 나위 없이 기쁠 것이다.

나카시마 시호

손으로 잘 비벼 섞는 것이 반죽의 기본

기름과 밀가루를 손으로 싹싹 비벼 섞으면 공기층이 생겨 한결 바삭바삭한 식감이 살아난다. 또 손을 사용하면 생지의 반죽 상태를 더잘 느낄 수 있어 이 감각을 몸에 익히게 되면실패 없이 항상 맛있게 만들 수 있다.

1

2 ## 물의 양은 계절에 따라서 달라진다

레시피대로 물을 넣었는데 오늘따라 유난히 생지가눅눅하게 느껴지거나, 생밀가루처럼 퍼석퍼석하여잘 뭉쳐지지 않을 때가 있다. 밀가루는 온도나 습도에 민감하기 때문에 건조한 겨울에는 물의 양을 늘리고 눅눅한 장마철에는 반대로 물의 양을 줄여 조절해야 한다.

생지를 휴지하지 않는다

일반적인 쿠키 레시피에선 버터나 밀가루의 글루텐을 안정시키기 위해 생지를 한 번 냉장고에 넣어 휴지하는 경우가 많다. 하지만 유채유를 사용한 쿠키는 다르다. 장시간 그대로 놔두면 오히려 표면에 기름이 떠서 구웠을 때 색깔이 예쁘게 나지 않으며 풍미도 떨어진다. 생지를 미리 만들어두는 것도 좋지 않다. 먹고 싶을 때마다 그때그때 만드는 것이 맛있는 쿠키의 비결이다.

3

4 속까지 완전히 구울 것

잘못 구우면 쿠키 한가운데가 제대로 익지 않아 날밀가루 맛이 난다. 살짝 낮은 온도에서 시간을 두고 충분히 구워야 속까지 골고루 익어 밀가루의 고소한 풍미가 그대로 살아난다. 다 구운 후 오븐에서 꺼낸 쿠키는 오븐 쟁반 위에서 그대로 식힐 것. 그래야 바삭바삭한 쿠키를 즐길 수 있다.

 내 쿠키의 장점 → 설거지가 간단하다!

나의 쿠키는 반죽할 때 스크래퍼 하나만 있으면 볼에 붙어 있는 생지를 말끔히 닦아낼 수 있다. 버터를 사용했을 때처럼 달라붙지 않기 때문에 볼을 물로 한번 헹구어내는 것만으로 충분하다.

차례

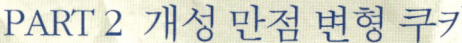

PART 3 쿠키의 친구들

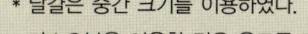
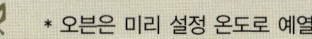

이 책에서……

* 1큰술은 15㎖, 1 작은술은 5㎖이다.

* 달걀은 중간 크기를 이용하였다.

* 가스오븐을 이용할 경우 온도를 레시피보다 10도 낮게 한다.

* 오븐은 미리 설정 온도로 예열해둔다.
  굽는 시간은 굽는 기계나 기종에 따라 다소 차이가 있다.
  일단 레시피 시간을 기준으로 삼고 상태를 살펴보면서 조절하면 된다.

파트1 기본 쿠키

일단 '만들어보겠노라' 하는 의지만 있으면 그다음엔 착착 진행되는 것이 내 쿠키 레시피의 장점이다.
맛있게 만드는 가장 중요한 포인트는 '기름과 밀가루를 잘 비벼 반죽하는 것.'
이 비법만 잘 지키면 바삭바삭 맛있는 쿠키가 만들어진다.
쿠키 틀로 찍기, 아주 얇게 밀기, 동그랗게 만들기 등 모양내는 방법도 간단하다.

1 쿠키 틀로 찍어내는 쿠키

 ## 스마일 비스킷

통밀가루가 넉넉히 들어간 가장 기본이 되는 비스킷.
단맛은 최소한으로 하고 밀가루 본연의 고소한 맛을 최대한 살려
아무리 먹어도 질리지 않는다. 생지를 다루기도 쉬워 귀여운 표정을
그려 넣거나 다양한 쿠키 틀로 재미있는 모양을 찍어낼 수 있다.

재료(직경 5.5cm의 쿠키 8개분)

박력분 ... 60g
통밀가루 ... 60g
소금 ... 조금
(엄지와 검지로 한 번 집는 정도)
유채유 ... 2큰술
메이플시럽 ... 2큰술

ⓞ 밑작업

◆ 오븐 쟁반에 오븐 시트
지를 깐다.
◆ 오븐을 170도로 예열
한다.

① 밀가루를 섞는다 ⟶

볼에 밀가루와 소금을 넣
고,

쌀을 씻듯이 손으로 조
물조물 섞는다.

＊이렇게 하면 밀가루 덩어리
가 안 생기고 공기층이 만들
어져 반죽에 기름과 수분이
잘 흡수된다.

❷ 기름을 넣는다

유채유를 넣는다.

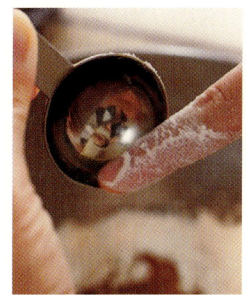

스푼에 남은 기름까지 손
가락으로 싹싹 긁어 넣
는다.

＊기름도 맛의 중요한 요소다.
기름의 양이 적으면 반죽이
빡빡해지고 2% 부족한 맛이
난다.

기름과 밀가루가 잘 어우
러지도록 손으로 휘휘 섞
는다.

밀가루와 기름 덩어리가
보슬보슬 섞이면,

양손으로 비벼서 덩어리를 없애는 느낌으로 섞는다.

＊재빨리 섞는 것이 바삭한 식감의 비결이다(10초 정도. 그러나 익숙해지기 전까지는 느긋하게 하자).

전체적으로 잘 섞인 느낌이 들면 OK(커다란 덩어리가 없으면 된다).

❸ 메이플시럽을 넣는다

메이플시럽을 전체적으로 고루 둘러주고

스푼에 남은 시럽까지 손가락으로 싹싹 긁어 넣는다.

쌀을 씻듯이 손으로 조물조물 반죽한다.

이렇게 반죽이 되면

볼에 붙은 반죽을 스크래퍼로 긁어모아 한 덩어리로 만든다.

반죽을 바깥쪽에서 안쪽으로 반을 접고 손바닥으로 꾹 눌러준다.

이 방법을 2~3회 반복하여 반죽을 부드럽게 만든다.

＊마구 치대지 않도록 주의한다. 이 방법대로 반죽하면 딱딱하게 굳지 않고 바삭바삭해진다.

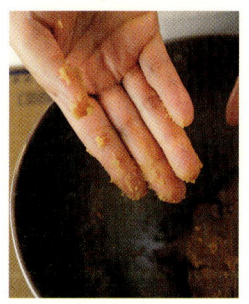

손에 묻은 반죽도 깨끗
이 긁어모은다.

*반죽이 빡빡할 때는 메이플
시럽을 살짝 손바닥에 바른
다. 메이플시럽이 추가로 들
어가서 딱딱해지는 것이 걱
정된다면 기름 2큰술 반을
더 넣어도 좋다.

촉촉하고 부드럽게 반죽
이 되면 생지는 완성이
다.

*생지는 귓불 정도로 말랑말
랑한 것이 가장 적당하다.

❹ 모양내기

도마에 올려놓고 밀대를
이용해 가로세로로 돌려
가며 8mm정도의 두께
로 만든다.

*반죽이 밀대에 달라붙을
경우엔 랩을 씌우는 것도
방법이다.

직경 5cm의 원형 틀로
찍어낸다(찍어내고 남은
생지는 다시 반죽하여 얇
게 펴서 틀로 찍어낸다).

오븐 쟁반에 간격을 두고
올린 뒤 나무꼬치로 눈을
그리고 스푼의 앞부분이
나 포크 끝을 이용해 코
와 입을 그린다.

여러 가지 표정을 만들다
보면 어느새 쿠키 만들기
가 점점 더 즐거워진다.

❺ 굽기

오븐에 넣어 170도에 30
분간 연한 갈색이 돌 때
까지 굽는다.

완성되면 오븐에서 꺼낸
다.

오븐 쟁반 위에서 그대로
식힌다.

*남은 열이 천천히 쿠키 속
까지 전달되어 바삭한 식감
이 살아나기 때문이다. 곧바
로 접시에 옮겨 담지 말 것!

2 막대 쿠키

 검정깨 스틱

보기에는 평범한 듯해도
검정깨가 듬뿍 들어가
나도 모르게 자꾸만 손이 가는
인기 만점 쿠키다.
각자의 취향에 맞게
크기와 길이를 변형하면
전혀 다른 식감으로
새로운 맛을 즐길 수 있다.

⓪ 밑작업

① 생지 만들기

재료(1×10cm 40개분)

박력분 ... 80g

통밀가루 ... 20g

볶은 검정깨 ... 20g

유기농설탕 ... 20g

소금 ... 조금

(엄지와 검지로 한 번 집는 정도)

유채유 ... 2큰술

두유 ... 2큰술

(성분 무조정 제품)

◆오븐 쟁반에 맞추어 오 븐 시트지를 자른다.

◆오븐을 170도로 예열 한다.

볼에 밀가루, 검정깨, 설 탕, 소금을 넣고 쌀을 씻 듯 손으로 조물조물 섞 는다.

유채유를 넣고 스푼에 남 은 기름까지 손가락으로 싹싹 긁어 넣는다.

기름과 밀가루가 잘 어 우러지도록 손으로 휘휘 둘러가며 섞는다. 밀가 루와 기름의 덩어리가 어우러지면

양손으로 잘 비비면서 덩어리를 없앤다.

*재빨리 섞는 것이 바삭바삭 한 식감의 비결이다(10초 정도).

반죽 전체가 잘 섞여 보 슬보슬한 느낌이 나면 OK(커다란 덩어리가 없 으면 된다).

두유를 골고루 붓고 손으 로 잘 섞는다. 생지가 뭉 쳐지는 느낌이 들면

② 모양내기

③ 굽기

바깥쪽에서 안쪽으로 반 으로 접어주는 느낌으로 부드럽게 반죽한다.

*반죽이 빡빡하면 두유를 조 금(분량 외) 더 넣어준다.

생지를 오븐 시트지에 얹고 밀대로 가로, 세로 로 돌려가며 4mm 두께 (20×20cm)가 될 때까지 얇게 편다.

스크래퍼로 1×10cm의 칼집을 내어 시트지 통 째로 오븐 쟁반에 얹은 다음, 170도의 오븐에서 30분간 연한 갈색이 돌 때까지 굽는다.

다 구워지면 오븐에서 꺼 내 오븐 쟁반 위에서 식 힌다. 어느 정도 열이 식 으면 칼집 모양대로 자른 뒤 오븐 쟁반 위에서 완 전히 식힌다.

3 손반죽 쿠키

 **피넛버터 & 초코칩**

오도독 씹히는 소리까지 맛있는 피넛버터가 들어가 고급스럽게
느껴지는 맛이 매력이다. 풍부한 너츠 향과 큼직하게 커팅된
초콜릿의 조화가 만점. 미국 영화에 자주 나오는 컨트리풍 쿠키다.

⓪ 밑작업

◆ 초콜릿은 큼직큼직하게 자른다.
◆ 오븐 쟁반에 오븐 시트지를 깐다.
◆ 오븐을 170도로 예열한다.

❶ 생지 만들기 _____

볼에 밀가루, 설탕, 소금을 넣고 쌀을 씻듯 손으로 조물조물 섞는다.

피넛버터, 유채유(스푼에 남은 기름까지 손으로 싹싹 긁어 넣는다)를 넣고 손으로 꼼꼼히 섞는다.

재료(직경 5cm 16개분)

박력분 ... 80g
통밀가루 ... 20g
유기농설탕 ... 30g
소금 ... 조금
(엄지와 검지로 한 번 집는 정도)
피넛버터 ... 30g
(무당, 크런치 타입)
유채유 ... 2큰술
물 ... 1과 1/2큰술
초콜릿 ... 30g

피넛버터 덩어리를 으깨면서 밀가루와 섞는다. 밀가루와 기름이 어우러지면

양손으로 잘 비벼 덩어리를 없앤다.

＊재빨리 섞는 것이 바삭바삭한 식감을 살리는 비결이다 (10초 정도).

전체적으로 반죽이 잘 섞이면(큰 덩어리가 없으면 된다) 물을 골고루 뿌린 후 손으로 조물조물 반죽한다.

생지가 거의 완성되면 잘라놓은 초콜릿을 넣는다.

바깥쪽에서 안쪽으로 반으로 접는 느낌으로 부드럽게 반죽한다.

＊반죽이 빡빡할 때는 물을 소금(분량 외) 넣는다.

❷ 모양내기 _____

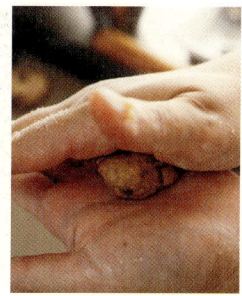

생지를 한입 크기로 떼서 동그랗게 만든다.

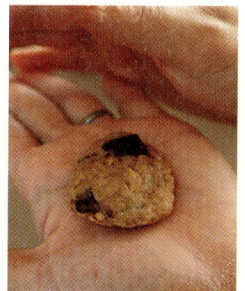

손바닥으로 가볍게 눌러준 뒤 오븐 쟁반에 간격을 두어 배열한다.

＊가운데까지 골고루 구워지도록 두께는 균일하게 한다.

❸ 굽기 _____

오븐에 넣어 170에 25분간 연한 갈색이 돌 때까지 굽는다. 다 구워지면 꺼내 오븐 쟁반 위에서 그대로 식힌다.

4 아이스박스쿠키

흑설탕 코코넛

코코넛과 흑설탕은 모두 남쪽 지방에서 나는 것으로
궁합이 잘 맞는 재료들이다.
두 가지 모두 개성이 강하면서도 서로의 맛을
철저히 존중해준다. 간간이 입안에서 느껴지는
흑설탕 덩어리가 악센트다.

❶ 밑작업　　**❶ 생지 만들기**

재료(3×4cm 16개분)

박력분 ... 80g

코코넛 가루 ... 40g

흑설탕(분말) ... 20g

소금 ... 조금

(엄지와 검지로 한 번 집는 정도)

유채유 ... 2큰술

물 ... 1과 1/2큰술

◆오븐 쟁반에 오븐 시트 지를 깐다.

볼에 밀가루, 코코넛 가루, 설탕, 소금을 넣고 쌀을 씻듯 손으로 조물조물 섞는다.

유채유를 넣고 스푼에 남은 기름까지 손으로 싹싹 긁어 넣는다.

기름과 밀가루가 잘 어우러지도록 손으로 조물조물 섞는다. 밀가루와 기름의 덩어리가 어우러지면

양손으로 비벼 덩어리를 으깨는 느낌으로 섞는다.

＊재빨리 섞는 것이 바삭한 식감의 비결이다(10초 정도).

전체적으로 잘 섞이면 (다른 쿠키보다 조금 더 보슬보슬하면 OK)

물을 골고루 뿌려 손으로 반죽한다. 생지가 어느 정도 완성되면

❷ 모양내서 굳히기　**❸ 잘라서 굽기**

바깥쪽에서 안쪽으로 반으로 접는 느낌으로 부드럽게 반죽한다.

＊반죽이 빡빡할 때는 물을 조금(분량 외) 넣는다.

반죽을 랩으로 싸서 일단 긴 봉 모양으로 만든 뒤 단면이 3×4cm인 사각형으로 각을 잡아 냉동실에서 30분 정도 굳힌다.

오븐을 170도로 예열한다. 생지를 나이프로 8mm 두께로 자른다.

＊냉동실에 너무 오래 두면 기름이 배어 나오므로 주의할 것.

오븐 쟁반에 간격을 두어 올려놓는다. 170도 오븐에서 30분간 연한 갈색이 돌 때까지 굽는다. 다 구워지면 꺼내서 그대로 식힌다.

5 드롭쿠키

코코아와 마멀레이드

쌉쌀한 맛의 코코아에 역시 싸한 감귤 껍질이나 잼을 넣은 쿠키다.
특유의 진한 맛 때문에 어른뿐만 아니라 아이들도 좋아한다.
굽는 시간을 약 5분 정도 짧게 하면 속은 부드럽고 겉은
바삭한 스콘 같은 느낌이 된다. 따뜻할 때 크림을 찍어 먹어도 좋다.

⓪ 밑작업

◆ 오븐 쟁반에 오븐 시트
지를 깐다.
◆ 오븐을 170도로 예열한
다.

① 생지 만들기

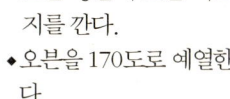

볼에 밀가루, 설탕, 소금
을 넣고 쌀을 씻듯 손으
로 조물조물 섞는다.

유채유를 넣고 스푼에 남
은 기름까지 손가락으로
싹싹 긁어 넣는다.

재료(직경 4cm 12개분)

박력분 ... 70g
아몬드파우더 ... 20g
코코아 ... 10g
베이킹파우더 ... 1/3작은술
유기농설탕 ... 10g
소금 ... 조금
(엄지와 검지로 한 번 집는 정도)
유채유 ... 2큰술
마멀레이드 ... 2큰술

기름과 밀가루가 잘 어
우러지도록 손으로 둥글
둥글 섞는다. 밀가루와
기름이 어우러지면

양손으로 비벼 덩어리를
으깨는 느낌으로 섞는다.
＊재빨리 섞는 것이 바삭한 식
감의 비결이다(10초 정도).

전체적으로 잘 섞여 보슬
보슬해지면 OK(커다란
덩어리가 없으면 된다)!

마멀레이드를 넣는다.

고무주걱을 이용해 마멀
레이드를 반죽에 곱게
치대는 느낌으로 날밀가
루 느낌이 없어질 때까
지 섞는다.
＊다른 생지보다 부드러운 느
낌이면 OK!

② 모양내기

촉촉하게 반죽이 완성되
면 티스푼으로 한입 크
기로 떠서 오븐 쟁반에
간격을 두고 올린다.

반죽이 너무 두꺼우면
속까지 익지 않으므로
손가락 끝에 물을 묻혀
살짝 눌러준다.

③ 굽기

오븐에 넣어 170도에서
30분간 연한 갈색이 돌
때까지 굽는다. 다 구워
지면 오븐에서 꺼내 오
븐 쟁반에서 식힌다.

개성 만점 변형 쿠키

기본 쿠키 만드는 순서만 제대로 익혀두면 얼마든지 다양하게 변화를 줄 수 있는 것이
내 쿠키의 매력이다. 바삭바삭, 아삭아삭, 보슬보슬, 촉촉……
다양한 식감의 쿠키를 소개한다.

1 럼과 슬라이스 아몬드 사블레

오래전부터 술을 이용한 쿠키를 한번 만들어보고 싶었다.
럼주의 풍미가 은은하게 입안에 퍼지는, 특히 어른들에게 환영받는 쿠키다.
(만드는 법 28쪽)

2 콩비지와 초콜릿 드롭쿠키

식물섬유가 풍부한 콩비지를 쿠키에 넣어 응용했다.
굽는 시간을 약간 짧게 하면 촉촉한 식감을,
또 시간을 넉넉히 해서 구우면 바삭한 식감을 즐길 수 있다.

(만드는 법 29쪽)

3 단밤과 검정깨 드롭쿠키

달콤한 단밤 향이 입안 가득 퍼지는 일본풍 쿠키다.
녹차 잎을 넉넉히 넣어 우려낸 차 한 잔과 함께 즐겨보자.

(만드는 법 30쪽)

4 오트밀쿠키

오트밀이 들어간 쿠키는
아련한 어린 시절의
그리운 추억을 떠올리게 한다.
사각사각한 식감과 소박한 맛이
언제 먹어도
마음을 편안하게 해준다.

(만드는 법 31쪽)

5 건포도샌드쿠키

건포도가 속에 꽉 차 있고
생지엔 달걀이 들어가
촉촉한 식감이 그대로 살아 있다.
건포도가 이렇게 맛있다니!
새삼 그 위력을 느끼게 해주는 맛있는 쿠키다.
(만드는 법 32쪽)

6 커피호두볼

'스노볼'처럼 바삭한 식감의 쿠키는
유채유로는 불가능한 걸까?
오랜 시행착오 끝에 얻은 레시피 대공개!
냉장고에서 차게 해서 먹으면 더 맛있다.

(만드는 법 33쪽)

7 녹차쿠키

먼저 고슬고슬한 식감을 즐긴 다음
입안 가득 퍼지는 녹차의 풍미로 마무리한다.
이것 역시 냉장고에서 차게 해서
먹으면 더 맛있다.

(만드는 법 34쪽)

8 허니진저쿠키

살짝 매콤한 생강 쿠키.
개인적으로 은은한 풍미보다 재료 본연의 맛이
강하게 느껴지는 쪽을 선호해서 나도 모르게 생강을
자꾸만 조금씩 조금씩 더 넣게 된다.

(만드는 법 35쪽)

1 럼과 슬라이스 아몬드 사블레

✫ ✫ ✫ ✫ ✫ ✫ ✫ ✫ ✫ ✫ ✫ ✫ ✫ ✫ ✫ ✫ ✫ ✫ ✫ ✫

재료(5.5cm 길이 18개분)

박력분 ... 80g

슬라이스 아몬드 ... 20g

(껍질째)

유기농설탕 ... 20g

소금 ... 조금

(엄지와 검지로 한 번 집는 정도)

유채유 ... 2큰술

럼주 ... 1큰술

밑작업

＊슬라이스 아몬드는 프라이팬에 약한 불에 기름 없이 살짝 볶은 후 잘게 빻는다.

＊오븐 쟁반에 오븐 시트지를 깐다.

＊오븐을 170도로 예열한다.

만드는 법

❶ 볼에 밀가루, 슬라이스 아몬드, 설탕, 소금을 넣고 손으로 조물조물 섞는다. 유채유를 넣고 손으로 꼼꼼히 섞는다. → 양손으로 비벼서 덩어리를 으깨듯 섞는다. → 럼주를 붓고 휘휘 젓는다. 생지를 반으로 접는 느낌으로 반죽한다.

＊반죽이 잘 뭉치지 않을 때는 물을 조금(분량 외) 넣는다.

❷ 생지를 오븐 시트지에 얹고 밀대를 이용해 4mm 두께(12×16cm 정도)로 민다. 스크래퍼로 가로 세로 각각 3등분하여 칼집을 넣은 다음 각각에 대각선 모양으로 칼집을 넣어 삼각형 모양을 만든다.

❸ 시트지 통째로 오븐 쟁반에 얹어 170도 오븐에 25분간 굽는다. 다 구워지면 꺼내 오븐 쟁반 위에 그대로 두고 열이 어느 정도 식으면 칼집 모양대로 자른다.

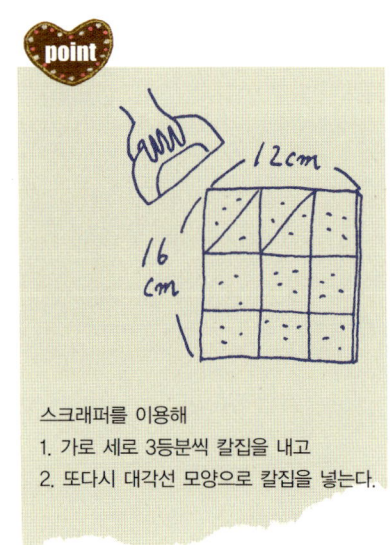

point

스크래퍼를 이용해

1. 가로 세로 3등분씩 칼집을 내고

2. 또다시 대각선 모양으로 칼집을 넣는다.

럼주는 비교적 쉽게 구할 수 있는 MYERS'S의 다크 럼을 사용했다. 풍부한 향과 깊은 맛이 과자의 풍미를 더해주며 말린 과일을 담가둘 때도 좋다.

2 콩비지와 초콜릿 드롭쿠키

☆ ☆ ☆ ☆ ☆ ☆ ☆ ☆ ☆ ☆ ☆ ☆ ☆ ☆ ☆ ☆ ☆ ☆ ☆ ☆

재료(직경 4cm 12개분)

박력분 ... 50g
베이킹파우더 ... 1/3작은술
콩비지 ... 50g
유기농설탕 ... 20g
소금 ... 조금
(엄지와 검지로 한 번 집는 정도)
유채유 ... 2큰술
두유 ... 2큰술
(성분 무조정 제품)
초콜릿 ... 30g

밑작업

*초콜릿은 큼직큼직하게 자른다.
*오븐 쟁반에 오븐 시트지를 깐다.
*오븐을 170도로 예열한다.

만드는 법

❶ 볼에 밀가루, 콩비지, 설탕, 소금을 넣고 콩비지를 풀어내듯 손으로 잘 섞어준다. 유채유를 넣고 다시 손으로 휘휘 섞는다. → 양손으로 비벼가며 섞는다. → 두유를 넣고 고무주걱으로 반죽한다. 날밀가루의 느낌이 없어지면 초콜릿을 넣고 섞는다.

❷ 스푼으로 한입 크기로 떠서 오븐 쟁반에 간격을 두고 올린 후 손가락으로 윗부분을 살짝 눌러준다.

❸ 170도 오븐에서 30분간 굽는다. 다 구워지면 꺼내 오븐 쟁반 위에서 그대로 식힌다

콩비지는 식물섬유가 풍부하여 생지를 촉촉하게 하므로 과자 만들기에 적극 이용하고 있다. 유전자 변형이 아닌 콩으로 만들어진 제품을 사용한다.

3 단밤과 검정깨 드롭쿠키

✿ ✿ ✿ ✿ ✿ ✿ ✿ ✿ ✿ ✿ ✿ ✿ ✿ ✿ ✿ ✿ ✿ ✿

재료(직경 4cm 15개분)

박력분 ... 100g
베이킹파우더 ... 1/3작은술
검정깨 볶은 것 ... 20g
소금 ... 조금
(엄지와 검지로 한 번 집는 정도)
유채유 ... 2큰술
메이플시럽 ... 3큰술
시판용 맛밤 ... 50g

밑작업

*맛밤은 작은 것 4등분, 큰 것 6등분하여 자른다
 (8mm 정도).
*오븐 쟁반에 오븐 시트지를 깐다.
*오븐을 170도로 예열한다.

만드는 법

❶ 볼에 밀가루, 검정깨, 소금을 넣고 손으로 둥글둥글 섞는다. 유채유를 넣고 손으로 조물조물
→양손으로 비벼가며 섞고→메이플시럽을 넣어
고무주걱으로 반죽한다. 날밀가루의 느낌이 없어지면 맛밤을 넣고 섞는다.

❷ 스푼으로 한입 크기로 떠서 오븐 쟁반에 간격을 두고 올린 후 손가락으로 윗부분을 살짝 눌러
준다.

❸ 170도 오븐에 25분간 굽는다. 다 구워지면 꺼내서 오븐 쟁반 위에서 식힌다.

맛밤은 슈퍼에서 손쉽게 구입할 수 있다. 생지에 섞을 때에는 4~6등분으로 잘라서 사용한다.

4 오트밀쿠키

재료(직경 5cm 12개분)

오트밀 ... 70g
박력분 ... 30g
유기농설탕 ... 30g
소금 ... 조금
(엄지와 검지로 한 번 집는 정도)
유채유 ... 2큰술
물 ... 2큰술
건포도 ... 20g
호두, 호박씨 등 좋아하는
너츠류 ... 30g

밑작업

*오트밀은 푸드프로세서나 절구
  에 넣어 1/3~1/2크기로 잘게 자
  른다.
*너츠류는 프라이팬에서 약한 불
  로 기름 없이 살짝 볶은 후 큰 것
  은 큼직큼직하게 자른다.
*오븐 쟁반에 오븐 시트지를 깐다.
*오븐을 160도로 예열한다.

만드는 법

❶ 볼에 오트밀, 밀가루, 설탕, 소금을 넣고, 손으
로 둥글둥글 섞는다. 유채유를 넣어 다시 손으로
휘휘 저어가며 섞는다. → 양손으로 비벼 덩어리
를 으깨듯 섞고 → 물을 넣고 고무주걱으로 섞는
다. 날밀가루의 느낌이 없어지면 건포도와 너츠
류를 넣고 섞는다.
* 원래 우둘투둘한 거친 느낌이므로 모양이 제대로 나지
  않아도 OK.

❷ 생지를 1큰술씩 떼어(손에 자꾸 달라붙으면 기
름을 약간〔분량 외〕넣는다) 손으로 가볍게 눌러
1cm 두께로 만든다.

❸ 오븐 쟁반에 간격을 두어 올린 뒤 160도 오븐
에서 35분간 굽는다. 다 구워지면 꺼내 오븐 쟁반
위에서 식힌다.
● 프룬, 말린 무화과, 아몬드를 넣어도 맛있다. 이때 말린 과
일은 건포도와 같은 크기로 하고 너츠류는 큼직하게 잘라
사용한다.

point

오트밀은 푸드프로세서나 절구에 넣어
1/3~1/2 크기로 부수면 다른 재료와도
잘 어우러진다.

오트밀은 귀리를 한 번 쪄서 잘게 부순 것이다.
과자에 넣으면 아삭아삭한 식감이 살아난다.
아침식사용 시리얼을 이용해도 좋다.

5 건포도샌드쿠키

✫ ✫ ✫ ✫ ✫ ✫ ✫ ✫ ✫ ✫ ✫ ✫ ✫ ✫ ✫ ✫ ✫ ✫ ✫ ✫

재료(4cm 사각 모양 16개분)

박력분 ... 100g

베이킹파우더 ... 1/4작은술

시나몬 ... 조금

유기농설탕 ... 20g

소금 ... 조금
(엄지와 검지로 한 번 집는 정도)

유채유 ... 2큰술

달걀 ... 1개(중간 크기)

건포도 ... 100g

물 ... 50㎖

밑작업

*작은 냄비에 건포도와 물을 넣고 중불에서 수분이 보이지 않을 때까지 조린다. 이를 충분히 식힌 뒤 키친페이퍼로 물기를 제거한다.

*오븐 쟁반에 맞춰 오븐 시트지를 자른다.

*오븐을 160도로 예열한다.

만드는 법

❶ 볼에 밀가루, 설탕, 소금을 넣고 손으로 둘둘 섞는다. 유채유를 넣고 다시 손으로 조물조물 → 양손으로 비벼 덩어리를 으깨듯 섞고 → 달걀을 잘 풀어 반 정도 분량을 조금씩 넣으면서 고무주 걱으로 골고루 잘 치댄다.

❷ 생지를 오븐 시트지에 얹고 밀대를 이용해 7mm 두께(15cm 정도)로 얇게 편 뒤 아래쪽 반만 건포도를 얹어 반으로 접는다. 이 상태에서 다시 본래의 크기가 될 때까지 얇게 펴 민다. 표면에 남은 분량의 달걀을 적당량 바른다.

*반죽이 부드러워서 밀대에 달라붙을 수 있다. 이때는 밀대 에 랩을 씌워 밀어보자.

❸ 시트지 통째로 오븐 쟁반에 얹어 160도 오븐에 서 30분간 굽는다. 다 구워지면 꺼내 오븐 쟁반 위에 그대로 두고 열이 어느 정도 식으면 칼로 가 로 세로 각각 4등분하여 자른다.

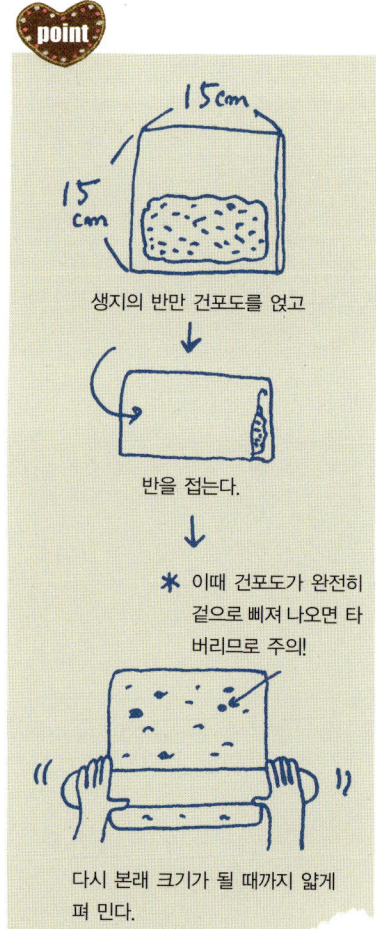

생지의 반만 건포도를 얹고

반을 접는다.

✱ 이때 건포도가 완전히 겉으로 삐져 나오면 타 버리므로 주의!

다시 본래 크기가 될 때까지 얇게 펴 민다.

6 커피호두볼

✿ ✿ ✿ ✿ ✿ ✿ ✿ ✿ ✿ ✿ ✿ ✿ ✿ ✿ ✿ ✿ ✿ ✿ ✿ ✿

재료(직경 2.5cm 30개분)

박력분 ... 100g
호두 ... 50g
(프라이팬에서 기름 없이
살짝 볶은 호두)
인스턴트커피 ... 1큰술(과립)
유기농설탕 ... 30g
소금 ... 조금
(엄지와 검지로 한 번 집는 정도)
유채유 ... 40㎖
물 ... 1큰술
장식용 유기농설탕 ... 적당량

밑작업

*오븐 쟁반에 오븐 시트지를 깐다.
*오븐을 170도로 예열한다.

만드는 법

❶ 푸드프로세서에 밀가루, 호두, 커피, 설탕, 소금을 넣고 호두가 작아질 때까지 간다. 유채유를 넣고 짧게 3초, 다시 물을 넣고 2초 정도 돌린 뒤 볼로 옮겨서 반으로 접는 느낌으로 반죽한다.

❷ 생지를 한입 크기로 떼어 직경 2.5cm로 동그랗게 만든다. 오븐 쟁반에 간격을 두고 올린 뒤 170도 오븐에 25분간 굽는다. 오븐 쟁반 위에서 완전히 식힌 다음 비닐봉지 안에 넣어 설탕 옷을 입힌다(설탕은 미니믹서로 갈아 이용하면 간편하다).

● 6 커피호두볼과 7 녹차쿠키를 손으로 만들려면……
(절구에 호두와 커피를 넣고 잘게 빻아두고, 볼에 (옮겨) 밀가루, (녹차잎), 설탕, 소금을 넣고 손으로 잘 섞어준다. 유채유를 넣고 둘둘 섞는다. → 양손으로 비벼 덩어리를 으깨듯 섞는다. → 물을 붓고 둥글둥글 섞는다. 생지를 반으로 접는 느낌으로 한 덩어리로 반죽한다. 이후는 각각 동일하다.

* 수작업으로 하면 재료들이 잘 뭉치지 않을 수 있다. 이때는 물을 약간(분량 외) 더 첨가한다.

7 녹차쿠키

재료(3.5cm 사각 모양 12개분)

박력분 ... 100g
아몬드파우더 ... 50g
찻잎 ... 1큰술
유기농설탕 ... 30g
소금 ... 조금
(엄지와 검지로 한 번 집는 정도)
유채유 ... 40㎖
물 ... 1큰술
장식용 유기농설탕 ... 적당량

밑작업

＊찻잎은 절구나 미니믹서로 잘게 간다.
＊오븐 쟁반에 오븐 시트지를 깐다.
＊오븐을 170도로 예열한다.

만드는 법

❶ 푸드프로세서에 밀가루, 찻잎, 설탕, 소금을 넣고 잘 섞이도록 가볍게 돌린다. 유채유를 넣고 짧게 3초, 다시 물을 넣고 2초 정도 더 돌리고 볼로 옮겨 반으로 접는 느낌으로 한 덩어리로 반죽한다.

❷ 밀대로 생지를 1cm 두께(가로 12×세로 9cm)가 되게 편 다음 3cm 크기의 사각형 모양으로 자른다.

❸ 오븐 쟁반에 간격을 두고 올린 뒤 170도 오븐에 25분간 굽는다. 이 이후는 위 과정과 같다.

미니믹서는 지나치게 딱딱해서 절구나 푸드프로세서를 이용하기 힘든 것이나 소량의 재료를 잘게 분쇄하는 데 편리하다.

8 허니진저쿠키

✿ ✿ ✿ ✿ ✿ ✿ ✿ ✿ ✿ ✿ ✿ ✿ ✿ ✿ ✿ ✿ ✿ ✿

재료
(5cm 길이의 사람 모양 20개분)

박력분 ... 80g
통밀가루 ... 20g
유기농설탕 ... 30g
소금 ... 조금
(엄지와 검지로 한 번 집는 정도)
유채유 ... 2큰술
꿀 ... 1큰술
생강 간 것 ... 1큰술

밑작업

* 꿀과 생강은 잘 섞는다.
* 오븐 쟁반에 오븐 시트지를 깐다.
* 오븐을 170도로 예열한다.

만드는 법

❶ 볼에 밀가루, 설탕, 소금을 넣고 손으로 휘휘 섞는다. 유채유를 넣고 역시 가볍게 손으로 섞는 다. → 양손으로 비벼 덩어리를 으깨듯 섞고→ 꿀+ 생강을 넣고 둘둘 섞는다. 생지를 반으로 접 는 느낌으로 반죽하여 한 덩어리로 만든다.

* 반죽이 빡빡할 때는 물을 약간(분량 외) 넣는다.

❷ 밀대로 생지를 7mm 두께로 얇게 편 다음 쿠키 틀로 찍어낸다.

❸ 오븐 쟁반에 간격을 두고 올린 뒤 170도의 오 븐에서 25분간 굽는다. 다 구워지면 꺼내 오븐 쟁 반 위에서 식힌다.

point

꿀   생강 간 것(즙째)

물을 넣지 않아도 생강과 꿀이 수분이 된다.

과자에서 깊은 단맛이 나고 또 구웠을 때 예쁜 갈색이 나는 비결은 바로 꿀. 아카시아꿀이나 연꽃꿀 등 향과 맛이 강하지 않은 것이 무난하 다. 사진은 스위스 '넥타플로'의 제품이다.

9 차이쿠키

스파이시한 향이
은은하게 퍼지는 홍차 쿠키다.
곱게 간 홍차 잎과 두유를 넣어
깊은 차이의 풍미를 재현했다.
(만드는 법 42쪽)

10 말차 빙글빙글 쿠키

보기에도 사랑스러운 빙글빙글 모양의 쿠키.
선명한 말차의 색감이 보는 이들을 행복하게 한다.
제과용이 아닌 평소 좋아하는 말차를 이용하면 훨씬 맛이 있다.

(만드는 법 43쪽)

11 플랩잭

영국의 티타임에서 빼놓을 수 없는 과자를
플랩잭(미국에서는 핫케이크를, 영국에서는 귀리 등을 넣어 구운 쿠키의
한 종류를 지칭한다-옮긴이)을 버터가 아닌 유채유를 이용해 만들어보았다.
기운을 북돋아주는 재료들로 꽉 차있어 외출용 간식으로도 제격이다.
(만드는 법 44쪽)

12 흰깨 쇼트브레드

깨 페이스트의 깊은 맛과 볶은 깨의 풍미가 잘 어우러져
특히 깨를 좋아하는 사람이라면 놓칠 수 없는 쿠키.
바삭하게 캐러멜 상태로 구워
유기농설탕의 식감이 악센트다.

(만드는 법 45쪽)

13 더블초콜릿 쇼트브레드

코코아 생지에 큼직하게 자른 초콜릿을 더했다.
쇼트브레드 특유의 사각사각한 식감이
더할 나위 없이 매력적이다.

(만드는 법 46쪽)

14 두유 콩가루 비스킷

입안에서 사르르 녹아드는 맛이 특징인
콩가루가 듬뿍 들어간 쿠키다.
아이들이나 어르신들에게도 인기 만점이다.
(만드는 법 47쪽)

15 바나나와 코코넛 드롭쿠키

기본적으로 내 쿠키는 대부분이 완전히 식은 다음 먹는 것이 좋지만 이 쿠키만큼은 예외다.
뜨거운 열이 한 김 나가고 따뜻할 때가 최고로 맛있다!
겉은 바삭하고, 속은 촉촉한 식감에 끌려 자꾸만 손이 간다.

(만드는 법 48쪽)

9 차이쿠키

재료(직경 4.5cm 30개분)

차이 생지

박력분 ... 80g
계피가루 ... 조금
홍차 잎 ... 1큰술
유기농설탕 ... 20g
소금 ... 조금
(엄지와 검지로 한 번 집는 정도)
유채유 ... 2큰술
두유 ... 1과 1/2큰술
(성분 무조정 제품)
생강즙 ... 1작은술

플레인 생지

박력분 ... 100g
유기농설탕 ... 20g
소금 ... 조금
(엄지와 검지로 한 번 집는 정도)
유채유 ... 2큰술
물 ... 2큰술

밑작업

* 홍차 잎은 절구나 미니믹서(34쪽)를 이용해 잘
게 간다(티백이라면 그대로 사용해도 좋다).
* 오븐 쟁반에 오븐 시트지를 깐다.

만드는 법

❶ 차이 생지를 만든다. 볼에 밀가루, 계피가루,
홍차 잎, 설탕, 소금을 넣고 손으로 휘휘 섞는다.
유채유를 넣고 역시 손으로 가볍게 섞는다. → 양
손으로 비벼 덩어리를 으깨듯 섞고 → 두유와 생
강즙을 넣어 보슬보슬 섞은 뒤 생지를 반으로 접
는 느낌으로 한 덩어리로 반죽한다. 플레인 생지
도 똑같은 방법으로 만든다.

* 반죽이 잘 뭉쳐지지 않으면 두유나 물을 약간(분량 외) 넣
는다.

❷ 차이 생지를 양손으로 둥글려 직경 3cm, 20cm
길이의 원형 막대기 모양으로 만든다. 플레인 생
지는 밀대를 이용해 가로 10×세로 20cm(7mm 두
께)로 편 다음 그 위에 차이 생지를 얹어 한 바퀴
굴린 뒤 마지막 부분을 손가락으로 꼭 눌러 고정
시킨다. 랩으로 싸서 냉동실에서 30분간 굳혀 자
르기 쉽게 만든다.

❸ 오븐을 170도로 예열한다. 생지를 칼로 7mm
두께로 잘라, 오븐 쟁반에 간격을 두고 올린 뒤
170도 오븐에 30분간 굽는다. 다 구워지면 꺼내
오븐 쟁반 위에서 그대로 식힌다.

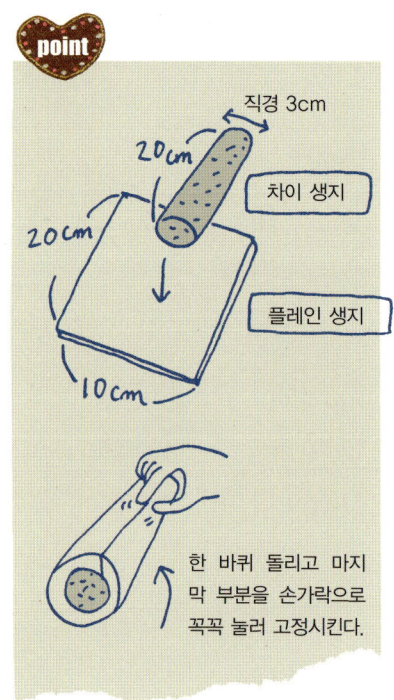

point

직경 3cm

20cm

20cm

차이 생지

10cm

플레인 생지

한 바퀴 돌리고 마지
막 부분을 손가락으로
꼭꼭 눌러 고정시킨다.

차이용 홍차를 사용했다. 찻잎이 살짝 동그랗
게 말린 CTC(Crush Tear Curl) 홍차는 진한
맛을 제대로 내고 싶을 때 유용하다.

10 말차 빙글빙글 쿠키

☆ ☆

재료(직경 5cm 약 30개분)

플레인 생지

박력분 ... 100g

유기농설탕 ... 20g

소금 ... 조금

(엄지와 검지로 한 번 집는 정도)

유채유 ... 2큰술

물 ... 2큰술

말차 생지

박력분 ... 80g

말차 ... 1큰술

유기농설탕 ... 30g

소금 ... 조금

(엄지와 검지로 한 번 집는 정도)

유채유 ... 2큰술

물 ... 1과 1/2큰술

밑작업

＊오븐 쟁반에 오븐 시트지를 깐다.

만드는 법

❶ 플레인 생지를 만든다. 볼에 밀가루, 설탕, 소금을 넣고 손으로 휘휘 섞는다. 유채유를 넣고 다시 손으로 가볍게 섞는다. → 양손으로 비벼 덩어리를 으깨듯 섞는다. → 물을 넣어 보슬보슬 섞는다. 생지를 반으로 접는 느낌으로 한 덩어리로 반죽한다. 말차 생지도 같은 방법으로 만든다.

＊반죽이 잘 뭉쳐지지 않으면 물을 약간(분량 외) 넣는다.

❷ 생지를 밀대를 이용해 각각 5mm 두께(가로 20×세로 15cm 정도)로 편 후 플레인 생지 위에 말차 생지를 겹쳐 올려놓는다. 앞에서부터 둥글게 말아 랩으로 싼 뒤 냉동실에서 30분간 굳혀 자르기 쉽게 만든다.

❸ 오븐을 170도로 예열한다. 생지를 7mm 두께로 잘라 오븐 쟁반에 간격을 두고 올린다. 170도의 오븐에서 30분간 굽는다. 다 구워지면 꺼내 오븐 쟁반 위에서 식힌다.

15cm
20cm

플레인 생지 위에 말차 생지 를 겹쳐 얹는다.

'꽉~'

처음 말 때 공기가 들어가지 않도록 심을 제대로 만드는 것이 중요하다.

말차는 제과용이 아니기 때문에 구웠을 때 색감은 살짝 떨어지지만 마실 때 맛있는 녹차를 사용하는 것이 훨씬 풍미가 좋다.

11 플랩잭

재료
(15×15cm 사각 모양 1대분)

오트밀 ... 80g
통밀가루 ... 20g
볶은 흰깨 ... 20g
소금 ... 조금
(엄지와 검지로 한 번 집는 정도)
유기농설탕 ... 30g
유채유 ... 50㎖
꿀 ... 1큰술
생강즙 ... 1/2작은술

밑작업

*오트밀은 푸드프로세서나 절구에 넣어 1/3~1/2
의 크기로 간다.
*틀에 오븐 시트지를 깐다.
*오븐은 170도로 예열한다.

만드는 법

❶ 볼에 오트밀, 밀가루, 흰깨, 소금을 넣고 고무
주걱으로 잘 섞는다.

❷ 작은 냄비에 설탕, 유채유, 꿀을 넣고 중간 불
에서 냄비를 흔들어주면서 꿀을 녹인다(나무주걱
을 이용하면 설탕이 덩어리지므로 주의한다). 보글보
글 끓기 시작하면 ①에 넣고 생강즙을 섞은 뒤 고
무주걱으로 골고루 잘 섞는다. 이것을 틀에 넣고
전체를 고무주걱으로 꾹 눌러 굳힌다.

❸ 오븐 쟁반에 얹어 170도의 오븐에서 40분간 굽
는다. 다 구워지면 꺼내 틀째로 식힌다. 한 김 열
이 식으면 틀에서 꺼내 먹기 좋은 크기로 자른다.

● 흰깨 대신 코코넛 가루를 이용해도 맛있다.

point

냄비를 흔들면서 꿀을 녹이고
작은 방울이 보글보글 끓어오르면

오트밀 볼에 넣는다.

완전히 식으면 잘 잘리지 않으므로 열이
남아 있을 때 먹기 좋게 자른다.

12 흰깨 쇼트브레드

재료(2.5×8cm 12개분)

박력분 ... 80g

통밀가루 ... 20g

볶은 흰깨 ... 1큰술

(살짝 갈아놓을 것)

유기농설탕 ... 30g

소금 ... 조금

(엄지와 검지로 한 번 집는 정도)

흰깨 페이스트 ... 2큰술

유채유 ... 1과 1/2큰술

물 ... 2큰술

밑작업

＊오븐 쟁반에 오븐 시트지를 깐다.

＊오븐을 160도로 예열한다.

만드는 법

❶ 볼에 밀가루, 흰깨, 설탕, 소금을 넣고 손으로 휘휘 섞는다. 깨 페이스트와 유채유를 넣고 가볍게 섞는다. →양손으로 꼼꼼히 비벼준 뒤→물을 넣어 둥글둥글 섞는다. 생지를 반으로 접는 느낌으로 반죽한다.

❷ 밀대로 생지를 1cm 두께(15cm 사각 모양)로 펴서 가로로 반, 세로로 6등분하여 자른 후 나무꼬치로 공기 구멍을 내준다.

❸ 오븐 쟁반에 간격을 두고 올린 뒤 160도의 오븐에서 40분간 굽는다. 다 구워지면 오븐 쟁반 위에서 식힌다.

13 더블초콜릿 쇼트브레드

재료(8cm 길이 8개분)

박력분 ... 80g
코코아 ... 20g
유기농설탕 ... 30g
소금 ... 조금
(엄지와 검지로 한 번 집는 정도)
유채유 ... 40㎖
물 ... 1큰술
초콜릿 ... 30g (큼직하게 자른 것)

밑작업

*오븐 쟁반에 오븐 시트지를 깐다.
*오븐을 160도로 예열한다.

만드는 법

❶ 볼에 밀가루, 설탕, 소금을 넣고 손으로 휘휘 섞는다. 유채유를 넣고 섞는다. → 양손으로 비벼 준 뒤 → 물을 넣고 둥글둥글 섞는다. 생지를 반으로 접는 느낌으로 반죽한 후 초콜릿을 넣어 섞는다.

❷ 시트지에 생지를 얹고 손으로 1cm 두께, 직경 16cm로 편다. 스크래퍼를 이용해 피자 조각 내듯 방사선으로 8등분의 칼집을 넣고 나무꼬치로 공기 구멍을 내준다.

❸ 시트지 통째로 오븐 쟁반에 얹고 160도의 오븐에 45분간 굽는다. 다 구워지면 오븐 쟁반 위에서 그대로 식힌다. 어느 정도 열이 나가면 칼집 모양대로 자른다.

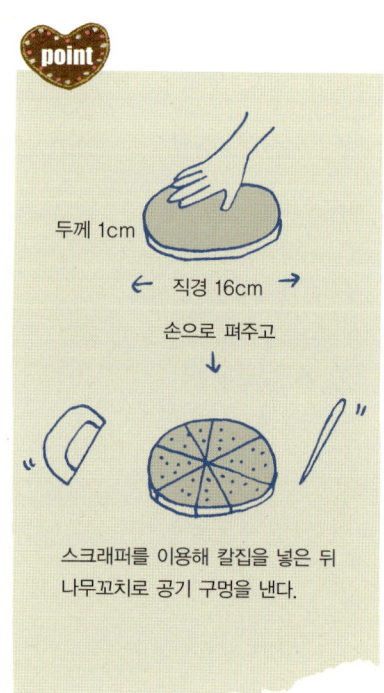

두께 1cm
← 직경 16cm →
손으로 펴주고
↓
스크래퍼를 이용해 칼집을 넣은 뒤 나무꼬치로 공기 구멍을 낸다.

14 두유 콩가루 비스킷

재료

(4cm 길이 쿠키 틀 모양 30개분)

콩가루 ... 60g
박력분 ... 40g
유기농설탕 ... 30g
소금 ... 조금
(엄지와 검지로 한 번 집는 정도)
유채유 ... 3큰술
두유 ... 2큰술
(성분 무조정 제품)

밑작업

＊오븐 쟁반에 오븐 시트지를 깐다.
＊오븐을 170도로 예열한다.

만드는 법

❶ 볼에 콩가루, 밀가루, 설탕, 소금을 넣고 손으로 휘휘 섞는다. 유채유를 넣고 손으로 둥글둥글 섞는다. → 양손으로 비벼 덩어리를 으깨듯 섞는다. → 두유를 넣고 섞는다. 반으로 접는 느낌으로 생지를 한 덩어리로 반죽한다.

＊반죽이 잘 뭉치지 않을 때는 두유를 약간(분량 외) 넣는다.

❷ 생지를 밀대를 이용해 4mm 두께로 얇게 밀어 쿠키 틀로 찍는다.

❸ 오븐 쟁반에 간격을 두고 올린 뒤 170도의 오븐에서 25분간 굽는다. 다 구워지면 꺼내 오븐 쟁반 위에서 식힌다.

콩가루는 유전자 변형을 하지 않은 국산 유기농 콩 제품을 사용한다. 향이 좋아 개인적으로 좋아하는 재료 중 하나다. 쿠키나 비스킷 외에 시폰 케이크에도 자주 사용한다.

쿠키 틀은 자주 사용하지 않지만 가끔 특별한 이벤트가 있거나 케이크 데코레이션을 할 때 유용하다. 개인적으로는 복잡한 것보다 심플한 모양을 좋아한다.

15 바나나와 코코넛 드롭쿠키

재료(직경 4cm 15개분)

박력분 ... 50g
베이킹파우더 ... 1/3작은술
코코넛 가루 ... 50g
유기농설탕 ... 20g
소금 ... 조금
(엄지와 검지로 한 번 집는 정도)
유채유 ... 2큰술
물 ... 1과1/2큰술
바나나 ... 1/2개(50g)

밑작업

*바나나는 껍질을 벗기고 7mm의 사각형으로 자른다.
*오븐 쟁반에 오븐 시트지를 깐다.
*오븐을 170도로 예열한다.

만드는 법

❶ 볼에 밀가루, 코코넛 가루, 설탕, 소금을 넣고 손으로 휘휘 섞는다. 유채유를 넣어 손으로 둥글둥글 섞는다. → 양손으로 비벼 덩어리를 으깨듯 섞는다. → 물을 넣고 고무주걱으로 살살 섞는다. 날밀가루 느낌이 없어지면 바나나를 넣고 뭉개지지 않도록 조심스레 섞는다.

❷ 생지를 스푼을 이용해 한입 크기로 떠서 오븐 쟁반에 간격을 두고 올린 후 물 묻힌 손가락으로 윗부분을 살짝 눌러준다.

❸ 170도의 오븐에서 25분간 굽는다. 다 구워지면 꺼내 오븐 쟁반 위에서 식힌다.

● 바나나는 수분이 많기 때문에 다른 쿠키보다 쉽게 상한다. 케이크처럼 빨리 먹는 것이 좋다.

point

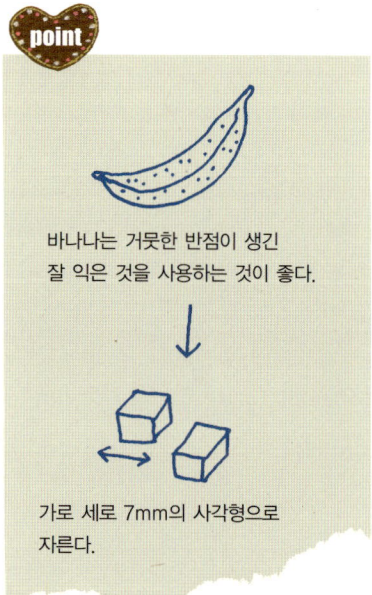

바나나는 거뭇한 반점이 생긴 잘 익은 것을 사용하는 것이 좋다.

가로 세로 7mm의 사각형으로 자른다.

개인적으로 코코넛 가루의 산뜻한 식감과 풍미를 좋아해서 자주 이용하고 있다. 만약 코코넛 롱(가늘게 썰어놓은 것)밖에 없다면 잘게 썰어 사용해도 된다.

16 당근스틱

과자를 통해 채소의 영양소를 섭취하겠다는 생각은
아무래도 무리가 있다. 하지만 쿠키 재료로
채소를 이용해보았더니 의외로 맛이 괜찮았다!
이런 가벼운 마음으로 채소 과자를 만들어보았다.

(만드는 법 56쪽)

17 월병

가게에서 파는 월병과는 조금 다른 느낌으로 기호에 따라
너츠나 말린 과일을 넣고 단맛은 최소한으로 했다.
각자의 취향에 맞게 만들 수 있는 것이
쿠키를 직접 만드는 또 다른 즐거움이 아닐까.
소중한 사람에게 마음을 전하는 선물로도 그만이다.
(만드는 법 57쪽)

18 엔가디너

너츠류를 좋아하는 사람들에게는 참기 힘든 유혹,
호두가 듬뿍 들어간 타르트다.
보기에도 깜찍해 선물하기 좋다.

(만드는 법 58쪽)

19 레몬과 양귀비 씨를 응용한 쿠키

톡톡 씹히는 양귀비 씨와 레몬 풍미가 더해져 향을 만끽할 수 있는 쿠키다.
아이싱을 곁들이면 한층 더 상큼한 맛을 즐길 수 있다.

(만드는 법 59쪽)

20 블루베리 크럼블 쿠키

쿠키 같으면서 케이크 같기도 한
축축한 식감이 특징인 소프트 쿠키.
블루베리의 과즙이 크럼블
(소보루 느낌이 나는 제과~옮긴이)에
한가득 녹아 있다.
(만드는 법 60쪽)

21 러시안 케이크

옛날부터 제과점에서 종종 볼 수 있었던
사랑스러운 쿠키다. 소프트한 식감과
달콤한 잼이 환상적으로 어우러진다.
(만드는 법 61쪽)

55

16 당근스틱

재료(1×4cm 60개분)

박력분 ... 50g
통밀가루 ... 50g
유기농설탕 ... 20g
소금 ... 조금
(엄지와 검지로 한 번 집는 정도)
유채유 ... 2큰술
당근 간 것 ... 50g
(당근 약 1/2개분)

밑작업

*당근은 세라믹 강판에 곱게 간다.
*오븐 쟁반에 맞춰 오븐 시트지를 자른다.
*오븐은 170도로 예열한다.

만드는 법

❶ 볼에 밀가루, 설탕, 소금을 넣고 손으로 잘 섞는다. 유채유를 넣고 손으로 둥글둥글 섞는다. → 양손으로 비벼 덩어리를 으깨듯 섞는다. → 갈아놓은 당근을 즙째 넣어 휘휘 손으로 젓는다. 생지를 반으로 접는 느낌으로 한 덩어리로 반죽한다.

＊반죽이 잘 뭉쳐지지 않을 때는 물을 조금(분량 외) 넣는다.

❷ 생지를 오븐 시트지에 얹고 밀대를 이용해 4mm 두께(15cm 사각 모양 정도)로 얇게 편다. 스크래퍼로 1×4cm의 스틱 모양으로 칼집을 내고 포크로 공기 구멍을 낸다.

❸ 시트지 그대로 오븐 쟁반에 얹어 170도의 오븐에 30분간 굽는다. 다 구워지면 꺼내 오븐 쟁반 위에 그대로 두고 열이 어느 정도 식으면 칼집 따라 자른다.

point

즙이 많을수록 좋다.

당근은 세라믹 강판에 곱게 갈아둔다.

15cm

15cm

4등분

1cm 폭으로 스크래퍼를 이용해 칼집을 넣는다.

17 월병

재료 (직경 6cm 6개분)

박력분 ... 100g
베이킹파우더 ... 1/4작은술
유기농설탕 ... 20g
소금 ... 조금
(엄지와 검지로 한 번 집는 정도)
유채유 ... 2큰술
달걀(중간 크기) ... 1개

중화 단팥

단팥(시판용) ... 150g
검정깨 페이스트 ... 1작은술
프룬 ... 2개
(씨 뺀 것, 큼직하게 잘라서)
호두 ... 1큰술
(큼직하게 잘라서)
잣 ... 1작은술
구기자 ... 1작은술

밑작업

*오븐 쟁반에 맞춰 오븐 시트지를
  자른다.
*오븐은 170도로 예열한다.

만드는 법

❶ 중화 단팥을 만든다. 단팥에 깨 페이스트를 넣고 고무주걱으로 잘 섞는다. 나머지 재료도 모두 넣어 골고루 섞는다. 이것을 6등분하여 동그란 모양으로 만든다.

❷ 볼에 밀가루, 설탕, 소금을 넣고, 손으로 휘휘 섞는다. 유채유를 넣고 손으로 둥글둥글 섞는다. → 양손으로 비벼서 섞고 → 달걀을 풀어 반만 넣어 고무주걱으로 섞어가며 한 덩어리로 만든다.

*다른 생지보다 부드러우면 OK!

❸ 생지를 6등분하여 동그란 모양으로 만들고 밀대를 이용해 직경 12cm로 얇게 편다. 그 위에 ①의 단팥소를 얹어 생지로 조심스레 싼 뒤 터지지 않게 입구를 잘 막는다. 손으로 가볍게 눌러 납작한 모양을 만든다.

*생지가 너무 말랑말랑해 달라붙을 때는 랩으로 덮어 민다. 찢어지기 쉬우므로 잡아당기지 말 것.

❹ 꼼꼼히 싼 입구를 아래쪽으로 해서 오븐 쟁반에 얹은 후 표면에 남은 달걀을 적당량 펴 바른다. 170도의 오븐에 25분간 구운 뒤 꺼내서 쟁반 위에서 식힌다.

point

직경 12cm

동그랗게 만든 단팥소를 얹어 팥빵처럼 싼다.

*생지는 신축성이 없으므로 무리하게 당기지 않도록 주의!

가볍게 눌러 살짝 편평하게 만든다.

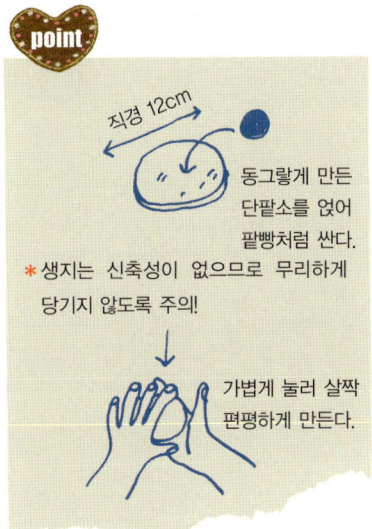

단팥은 팥과 설탕만으로 만들어져 고급스러운 맛을 내는 것을 선택한다. 시판용 검정깨 페이스트는 단맛이 가미되지 않은 것을 사용한다.

중화요리나 약선요리 등에 사용되는 잣이나 구기자는 제과 재료점이나 중화요리 식재료 코너에서 구입할 수 있다. 사용하고 남은 잣은 제노베제소스(바질과 잣, 치즈 등을 올리브 기름에 갈아놓은 소스─옮긴이)나 샐러드 토핑으로 이용해도 좋고, 구기자는 수프에 활용할 수 있다.

18 엔가디너

재료
(직경 15cm 타르트 틀 1개분)

타르트 생지

박력분 ... 100g
통밀가루 ... 50g
유기농설탕 ... 40g
소금 ... 조금
(엄지와 겁지로 한 번 집는 정도)
유채유 ... 3큰술
물 ... 2~2와 1/2큰술

플레인 생지

호두 ... 100g
유기농설탕 ... 60g
꿀 ... 2큰술
유채유 ... 1큰술
물 ... 1큰술

밑작업

* 호두는 약한 불에서 기름 없이
  볶은 후 큼직하게 자른다.
* 타르트 틀에 유채유(분량 외)를
  얇게 펴 바른다.
* 오븐은 170도로 예열한다.

만드는 법

❶ 호두 필링을 만든다. 프라이팬에 호두 이외의
재료를 넣고 중불에서 냄비를 흔들면서 설탕을 녹
인다. 커다란 거품이 올라오면 호두를 넣고 잘 섞
은 다음 불을 끈다. 접시에 옮겨 담아 열을 식힌다.

❷ 타르트 생지를 만든다. 볼에 밀가루, 설탕, 소
금을 넣고 손으로 휘휘 섞는다. 유채유를 넣고 손
으로 동글동글 섞는다. → 양손으로 비벼 덩어리
를 없앤 뒤 물을 넣고 보슬보슬한 상태로 섞는다.
생지를 반으로 접는 느낌으로 한 덩어리로 반죽
한다.

❸ 생지의 2/3를 랩 위에 얹고 밀대를 이용해 틀
보다 조금 크게 민다. 모양이 잡히면 랩째로 들어
올려 틀에 얹고 바닥과 둘레에 틈이 생기지 않게
꼼꼼히 펴준다. 튀어나온 부분은 손으로 잘라내
고 포크로 바닥에 공기 구멍을 낸다.

❹ ❸에 ①의 필링을 깔고 남은 생지를 틀보다 조
금 넓게 펴서 덮어씌운다. 이음새를 꼭 맞게 붙인
후 튀어나온 생지는 잘라낸다. 스크래퍼로 피자
를 자르듯 방사형으로 가볍게 칼집을 넣고 나무
꼬치로 가장자리에 공기 구멍을 낸다.
*이음새가 벌어지면 필링이 터져나오므로 꼼꼼히 잘 붙일 것.

❺ 오븐 쟁반 위에 올려 170도 오븐에 40분간 굽
는다. 다 구워지면 꺼내서 틀째로 완전히 식힌다.
틀에서 빼낸 뒤 모양대로 칼로 자른다.

§호두 필링 만드는 법§

1. 프라이팬에 설탕, 꿀,
유채유, 물을 넣고 중불에
서 냄비를 흔들면서 설탕
을 녹인다. 전체적으로 작
은 거품이 보글보글 올라
오면

2. 미리 썰어둔 호두를 넣
고(여기까지 2분 정도) 나
무주걱으로 골고루 섞는다.

3. 중불에서 10초 정도 더
볶아 수분이 어느 정도 졸
아들면 완성.
접시에 옮겨 담아 열을 식
힌다.

point

타르트 틀에
생지를
랩째로 올려
틀 모양대로 깐다.

튀어나온 부분은
자른다.

19 레몬과 양귀비 씨를 응용한 쿠키

재료
(직경 4.5cm 국화 모양 12개분)

박력분 ... 80g
아몬드파우더 ... 20g
유기농설탕 ... 20g
레몬 껍질 간 것 ... 1/2개분
블루 포피시드 ... 1작은술
소금 ... 조금
(엄지와 검지로 한 번 집는 정도)
유채유 ... 2큰술
물 ... 2큰술

아이싱

와산본당 ... 3큰술
(和三盆糖. 결정이 섬세한 질 좋은
일본의 전통 설탕. 고급 화과자에 이
용된다-옮긴이)
*구하기 어려우면 슈가파우더도 가능
레몬즙 ... 1과 1/2작은술

밑작업

*오븐 쟁반에 오븐 시트지를 깐다.
*오븐은 170도로 예열한다.

만드는 법

❶ 볼에 밀가루, 설탕, 레몬 껍질, 양귀비 씨, 소금
을 넣고 손으로 휘휘 섞는다. 유채유를 넣고 역시
둥글둥글 섞고 → 양손으로 비벼 덩어리를 으깨
듯 섞은 뒤 → 물을 넣어 둥글둥글 섞는다. 생지
를 반으로 접는 느낌으로 한 덩어리로 반죽한다.
* 반죽이 잘 뭉치지 않을 때는 물을 약간(분량 외) 넣는다.

❷ 밀대로 생지를 4mm 두께로 펴서 모양 틀로
찍어낸 후 포크로 공기 구멍을 낸다.

❸ 오븐 쟁반에 간격을 두고 올린 뒤 170도 오븐
에 25분간 굽는다. 다 구워지면 꺼내 오븐 쟁반
위에서 완전히 식힌 다음 취향에 따라 와산본당
과 레몬즙을 가볍게 섞은 아이싱을 얹는다.

● 나는 정제된 설탕을 좋아하지 않아 슈가파우더 대신 와
산본당을 사용한다. 연한 갈색에 고급스러운 단맛이 나
며 깔끔한 아이싱을 즐길 수 있다.

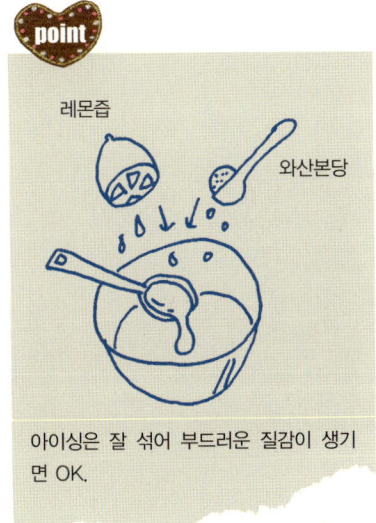

아이싱은 잘 섞어 부드러운 질감이 생기
면 OK.

청양귀비의 씨로 영어로는 '블루 포피시드(blue
poppy seed)'라고 한다. 감귤을 베이스로 한
과자에 넣으면 톡톡 씹히는 식감이 살아난다.

20 블루베리 크럼블 쿠키

✿ ✿ ✿ ✿ ✿ ✿ ✿ ✿ ✿ ✿ ✿ ✿ ✿ ✿ ✿ ✿ ✿ ✿ ✿

재료
(15×15cm의 사각 모양 1대분)

박력분 ... 150g
아몬드파우더 ... 50g
시나몬 ... 조금
유기농설탕 ... 20g
소금 ... 조금
(엄지와 검지로 한 번 집는 정도)
유채유 ... 50㎖
메이플시럽 ... 2큰술
블루베리(냉동) ... 100g

밑작업

*틀에 오븐 시트지를 깐다.
*오븐은 170도로 예열한다.

만드는 법

❶ 볼에 밀가루, 설탕, 소금을 넣고 손으로 휘휘 섞는다. 유채유를 넣고 손으로 가볍게 섞는다. → 양손으로 비벼 덩어리를 으깨듯 섞는다. → 메이플시럽을 넣고 동글동글 섞은 뒤 재빨리 반죽한다.

❷ 생지의 반을 손으로 울퉁불퉁 작은 덩어리를 떼어내어 틀에 넣고 손가락 끝으로 가볍게 눌러 틀에 붙인다. 블루베리를 얹고 다시 그 위에 남은 생지를 같은 방법으로 얹고 손으로 가볍게 뿌린 뒤 눌러 생지와 블루베리를 밀착시킨다.

❸ 오븐 쟁반에 얹어 170도 오븐에서 45~50분간 굽는다. 다 구워지면 꺼내서 오븐 쟁반 위에서 식힌다. 열이 어느 정도 식으면 틀을 빼내고 먹기 좋게 자른다.

point

크럼블(소보루 느낌이 나는 제과)
생지는

보슬보슬 손끝으로 떼어내
흩뿌리듯 틀에 얹는다.

손가락 끝으로 가볍게 눌러
크럼블끼리 잘 밀착시킨다.

21 러시안 케이크

☆ ☆ ☆ ☆ ☆ ☆ ☆ ☆ ☆ ☆ ☆ ☆ ☆ ☆ ☆ ☆ ☆ ☆ ☆ ☆

재료(직경 4cm 20개분)

박력분 ... 80g
아몬드파우더 ... 20g
소금 ... 조금
(엄지와 검지로 한 번 집는 정도)
달걀노른자 ... 1개분
메이플시럽 ... 50㎖
유채유 ... 2큰술
딸기잼 등 좋아하는 잼 적당량

밑작업

＊오븐 쟁반에 오븐 시트지를 깐다.
＊오븐은 170도로 예열한다.

만드는 법

❶ 볼에 달걀노른자, 메이플시럽, 유채유를 넣고 달걀노른자를 풀듯 거품기로 잘 섞는다(꼭 거품기가 아니어도 상관없다). 밀가루와 소금을 넣고 날밀가루가 보이지 않을 때까지 고무주걱으로 섞는다.

❷ 직경 1cm의 별 모양 깍지를 끼운 짤주머니에 반죽을 넣고 오븐 쟁반에 간격을 두고 직경 4cm로 동그랗게 짜낸다(가운데 부분을 1cm 비우고).

❸ 170도의 오븐에서 20분간 구운 뒤 꺼내서 오븐 쟁반 위에서 완전히 식힌다. 한가운데에 잼을 얹는다.

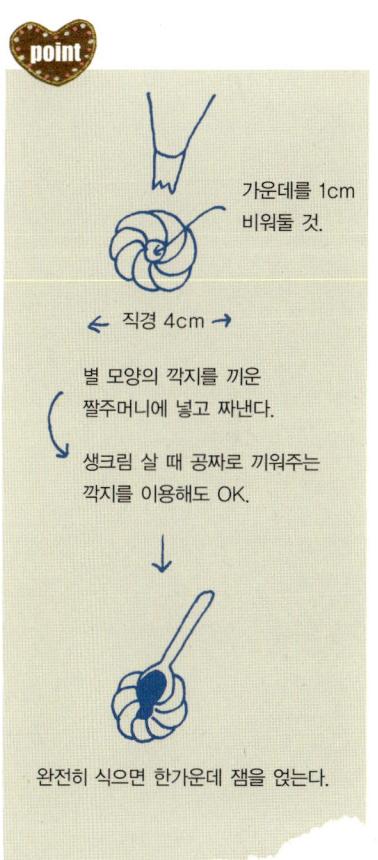

point

가운데를 1cm 비워둘 것.

← 직경 4cm →

별 모양의 깍지를 끼운 짤주머니에 넣고 짜낸다.

생크림 살 때 공짜로 끼워주는 깍지를 이용해도 OK.

완전히 식으면 한가운데 잼을 얹는다.

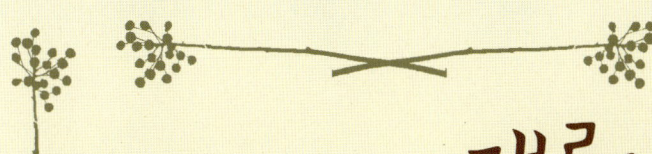

재료에 대해서

내가 만드는 과자 중에서도 특히 쿠키는 그 재료들이 매우 간단하다. 따라서 각자 평소 마음에 드는 재료들을 눈여겨두었다가
필요할 때 선택해서 응용하면 된다. 반드시 유기농 제품을 고집할 필요도 없다. 또 이 책에서 제시한 재료들이
모두 정답은 아니다. 자기 나름의 맛을 찾아내기 위한 힌트 정도로 참고해주면 좋겠다.

밀가루

박력분은 제과용 박력분을 사용하고 있
다. 국산 밀가루는 포스트하비스트(운송
중 방부나 방충을 위해 수확 후에 살포되
는 농약)의 걱정이 없어 안심할 수 있다.
밀가루 본연의 고소한 맛을 내고 싶을
때는 박력분 타입 통밀가루를 섞어 사용
한다. 아몬드파우더는 옥수수 전분과 같
이 믹스되지 않은 것이 좋다. 또한 '돌
절구에 간 타입'의 아몬드파우더는 아몬
드의 풍미가 그대로 살아 있어 조금만
사용해도 충분하다.

기름

이 책의 모든 쿠키는 유채유(카놀라유)만
을 사용하고 있다. 맛있는 버터를 신중
히 선택하듯 기름도 맛있는 것을 고르는
것이 중요하다. 평소 나는 국산 유채를
정성껏 짜내 깊은 맛이 나는 제품이나
유전자 변형을 하지 않은 오스트레일리
아산 유채를 사용한 제품을 자주 사용한
다. 산뜻한 맛에 향이 진하지 않아 어떤
과자나 요리에도 잘 어울린다. 특히 초
보자에게 추천한다.

설탕

몸에 천천히 흡수되는 정제도가 낮은 제
품을 사용하고 있다. 유기농설탕(사탕수
수설탕)은 사탕수수의 풍미가 느껴지는
부드러운 단맛이다. 소재와도 잘 어우러
져 어떤 과자에나 무난하게 사용할 수
있다. 흑설탕은 깊이가 있는 은은한 단
맛이다. 이와 같이 각각의 개성을 살려
초콜릿이나 코코아, 말린 과일 등과 함
께 사용한다.

초콜릿

보통은 유제품이 들어 있지 않은 초콜릿만 골라 사용한다. 공정거래무역제품인 유기농 비타 초콜릿(왼쪽 위)은 카카오와 설탕으로만 만들어졌다. 식품 첨가물을 전혀 사용하지 않았고 오랜 시간 정성껏 만든 제품이다.

밀크초콜릿을 선택한다면 프랑스 카오카 사의 제품을 추천한다.

＊유기농 비타 초콜릿은 봄, 여름에는 판매하지 않는다.

말린 과일

무표백 제품을 사용한다. 달콤한 맛이 강하기 때문에 그만큼 설탕 양을 줄일 수 있다. 내추럴한 과자 만들기에 없어서는 안 될 재료다.

너츠

기름이나 소금이 첨가되지 않은 무표백 유기농 제품을 사용한다. 약한 불에 볶거나 120도 정도의 저온 오븐에 10분간 로스팅한 후 사용하면 그 풍미가 배가된다.

소금

자연염을 사용한다. 생지에 섞을 때는 입자가 가는 것이 좋고 악센트로 입안에서 씹히는 맛을 즐기고 싶을 때는 입자가 굵은 것을 선택한다. 사진은 프랑스 게랑드 제품.

코코아

코코아 가루는 짙은 카카오 풍미를 내며 구웠을 때 특히 색이 선명한 것이 좋다. 선도가 떨어지면 신맛이 나므로 개봉 후엔 빠른 시일 내에 사용할 것.

메이플시럽

독특한 풍미와 깊은 맛이 나며 결과물에 분명히 차이가 나므로 다소 고가의 메이플시럽을 사용하고 있다. 캐나다 '시타델(CITADELLE)'의 제품을 개인적으로 좋아한다.

피넛버터

너무 달지 않고 알갱이가 살아 있는 크런치 타입을 사용한다. 과자뿐 아니라 소스나 토핑 등 요리의 깊은 맛을 낼 때도 꼭 필요한 중요한 재료다. 설탕이 들어간 타입을 사용할 경우엔 레시피의 설탕 양을 줄이도록 하자.

두유

유전자 변형이 안 된 대두로 만들어진 성분 무조정 제품을 사용한다. 물 대신 사용하면 쿠키에 깊은 맛이 더해지며 한층 바삭바삭해진다. 제조회사에 따라 농도의 차이가 있으므로 취향에 맞게 선택한다.

도구에 대해서

개인적으로 도구가 너무 많은 것을 좋아하지 않아 다양한 용도로 쓰이는 최소한의 것만을 선택한다.
극단적으로 말하자면 쿠키를 만드는 데 필요한 것은 볼 하나로 충분하다.
여기에서는 있으면 편리한 도구를 중심으로 몇 가지 소개한다.

1 볼

마음 같아선 작은 볼에 쓱쓱싹싹 만들고 싶지만 양손이 들어갈 정도로 여유 있는 사이즈가 아니면 반죽을 제대로 하기가 힘들다. 직경 23cm 정도의 큰 사이즈를 사용하는 것이 성공의 포인트.

2 스크래퍼

약간 부드러운 쿠키 생지를 반죽할 때는 스크래퍼의 활약이 크다. 스크래퍼만 있으면 볼에 묻은 반죽을 쓱싹 긁어 담고 나중에 가볍게 물로 헹구면 그만이다. 생지에 칼집을 낼 때도 이용되어 하나 장만해두면 여러 모로 편리하다.

3 밀대

우리 집에서는 밀대가 거의 만능이다. 반죽을 얇게 펼 때는 물론 딱딱한 것을 잘게 부술 때도 대활약한다. 손에 쥐기 쉬운 굵기와 길이를 선택한다.

4 고무주걱

수분이 많은 쿠키 반죽을 할 때는 달라붙지 않도록 고무주걱을 사용하는 경우가 많다. 볼에 달라붙은 생지를 쓱싹 긁어모으거나 스크래퍼 같은 용도로도 이용할 수 있다. 내열성 있는 제품이라면 불 위에서도 사용할 수 있어 편리하다.

5 거품기

특별한 기능이 있는 제품보다 자신이 사용하기 편한 것을 고르면 충분하다. 머랭의 거품을 내는 데는 핸드믹서가 더 편리하다. 참고로 핸드믹서는 쿠진아트(미국의 조리기구 전문 회사-옮긴이)의 제품을 사용하고 있다.

6 오븐 시트지

오븐 시트지를 깔고 그 위에서 생지를 얇게 밀기도 하고 혹은 그대로 함께 굽는 경우도 있다. 종이 타입과 재사용이 가능한 테프론지 두 종류를 애용하고 있다. 나는 일반 종이 타입도 재사용하고 있다.

7 쿠키 틀

개인적으로는 손으로 거칠게 모양낸 쿠키를 좋아하기 때문에 사실 갖고 있는 모양 틀의 종류가 그다지 많지 않다. 심플한 디자인의 쿠키 틀로 찍어낸 후 포크나 나무 꼬치로 다양한 표정을 만들어주는 것이 재미있다.

8 사각팬

15cm 사각 모양의 바닥이 붙은 일체형 타입과 바닥을 분리할 수 있는 분리형 타입이 있다. 분리형 타입은 한천이나 달걀 두부를 만들 때 편리하다. 일체형 타입은 오븐 시트지를 깔아 사용하면 편리하다.

9 타르트팬

프랑스 마토파 사의 직경 15cm 제품을 사용하고 있다. 완성됐을 때 가장자리 모양이 예쁘게 나와 개인적으로 마음에 드는 제품이다.

푸드프로세서를 이용해 생지 만들기

이 책에서 소개하는 생지 대부분은 푸드프로세서로 손쉽게 만들 수 있다.
푸드프로세서를 이용하면 짧은 시간에 생지가 완성되며 방법도 매우 간단하다.
그러나 처음에는 손으로 만들어 그 방법과 감각을 익히고, 감이 생기면 푸드프로세서를 한 방법으로 활용해보는 것이 좋다.

point

대개 물을 넣기 전 단계까지만 푸드프로세서로 만들고 나머지 재료들은 볼에 덜어 섞는 것이 좋다. 푸드프로세서로 너무 오래 돌리면 생지의 온도가 올라가 글루텐이 생기기 때문에 마무리 작업은 볼에서 한다. 반죽이 빡빡할 경우에는 물을 조금 넣는다. 참고로 플랩잭, 러시안 케이크, 머랭과 마코롱, 비스코티의 생지를 만들 때는 적합하지 않다.

* 사진은 스마일 비스킷(10쪽)

1 푸드프로세서에 밀가루와 소금을 넣고 잘 섞이도록 가볍게 돌린다.

* 레시피에 설탕이 있는 경우 이때 함께 넣고 돌린다.

2 유채유를 골고루 뿌리고 스푼에 남은 기름까지 손가락으로 싹싹 닦아 넣고 윙윙윙~ 짧게 5~6초 정도 돌려 밀가루와 기름이 보슬보슬 섞이도록 한다.

3 메이플시럽(또는 물)을 전체적으로 골고루 둘러준다.

* 푸드프로세서로 만들면 기름과 밀가루가 잘 섞이므로 레시피보다 적은 분량으로도 반죽되는 경우가 많다. 처음부터 다 넣지 말고 상태를 봐가면서 조금씩 넣도록 한다.

4 윙윙윙~ 짧게 5~6초 정도 돌려서 생지가 동글동글 뭉치면 OK.

5 가장자리에 붙은 생지를 손으로 깨끗하게 긁어모아 볼로 옮긴다.

6 바깥쪽에서 안쪽으로 접어주는 느낌으로 한 덩어리로 반죽한다(촉촉해서 쉽게 반죽된다).

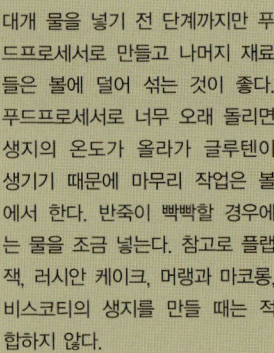

프라이팬으로 쿠키 굽는 법

오븐 없이도 프라이팬을 이용해 쿠키를 구울 수 있다.
적은 양을 재빨리 만들 때 매우 편리한 방법이다.
생지를 얇게 슬라이스하는 것과 타지 않도록 약한 불에서 양면을 천천히 굽는 것이 포인트다.

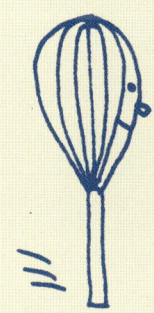

1
불소수지 가공된 프라이팬에 오븐 시트지를 깔고 쿠키 생지를 적당한 간격으로 얹는다. 약한 불에서 천천히 굽는다.

3
다시 약한 불에 7~8분 굽는다. 연한 갈색이 돌면 손가락으로 한가운데를 눌러본다. 딱딱하면 속까지 익었다는 증거다.

2
뚜껑을 덮고 7~8분 정도 구워 연한 갈색이 돌면 포크로 뒤집어준다.

4
뚜껑을 열고 프라이팬 위에서 완전히 식힌다.

point

생지 한가운데를 손가락으로 살짝 눌러 딱딱하다면 잘 구워졌다는 증거다. 아직 부드럽다면 상태를 살피면서 조금 더 구워준다.
약한 불에서 굽는 것이 포인트! 불이 강하면 속은 익지 않고 겉만 타버린다. 중앙 부분이 가장 늦게 익으므로 두께를 균일하게 하고 손가락으로 가운데를 살짝 눌러주어 오목하게 만드는 것도 방법이다.
굽는 시간은 쿠키의 두께에 따라 조절한다. 드롭쿠키와 같이 두께가 있는 경우는 조금 어려울 수 있다.

＊ 사진은 흑설탕 코코넛쿠키 (18쪽)

예쁘게 랩핑하기

쿠키는 유통기한이 길고 들고 다니기 편하기 때문에 선물용으로도 그만이다.
또한 선물 받는 상대에게 큰 부담을 주지 않는 소박함도 쿠키의 장점이다.
나의 경우 특별한 손재주가 없어 근사한 포장은 자신도 없고
또 포장이 너무 거창하면 왠지 쑥스러워서 항상 심플한 포장을 즐긴다.

선물로 받은 빈 잼 병에 담기

오래되고 귀여운 유리병만 있으면 특별
한 포장은 필요 없다.
쇼트브레드처럼 긴 막대 모양의 쿠키를
한 병 가득 예쁘게 담아보자.

왁스페이퍼로 싸기

커피 호두볼을 opp봉투(투명필름으
로 된 식품 포장용 봉투)에 넣고 왁스페
이퍼로 싼 뒤 입구를 끈으로 묶었다.
가지런히 한 줄로 줄지어 있는 모양이
꽤 귀엽다.

빈 초콜릿 상자에 담기

데이지 꽃 그림이 그려진 상자는
오스트리아 빈에 있는 과자점에서
만든 데멜의 초콜릿 상자다. 러시
안 케이크를 담으니 마치 보석상
자 같다.

집에 있는 나무상자에 담기

오래된 나무상자에 왁스페이퍼를 깔고 여러 종류의 쿠키를 함께 담아 보았다. 이런 종합선물세트를 받았을 때 제일 기뻐할 사람은 바로 내가 아닐까 싶다.

잡화점에서 발견한 유리 용기에 담기

속이 들여다보이는 투명유리 용기를 나란히 포개 두 종류의 쿠키를 담아보았다. 그런 다음 끈으로 선물 포장하듯 십자 모양으로 묶었다. 머랭이나 마카롱과 같이 부서지기 쉬운 쿠키는 이런 용기에 담는 것이 좋다.

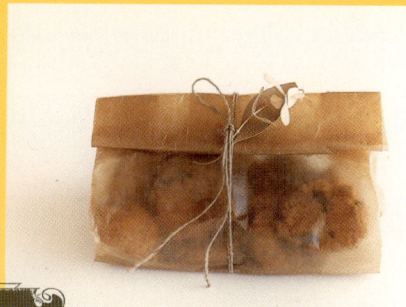

시판용 왁스페이퍼 봉투에 담기

드롭쿠키를 왁스페이퍼에 한 가득 채우고 끈 하나로 질끈 묶었다. 사실 이런 모양으로 선물하는 경우가 가장 많다. 가끔 집에 있는 드라이플라워를 살짝 곁들이기도 한다.

foodmood

opp봉투로 꾸미는 랩핑

길쭉한 모양의 opp봉투에 틀로 찍어
낸 쿠키를 넣어 실링기(opp봉투 등의 입
구를 밀봉하는 기계)로 한 개씩 찍었다.
윗부분을 펀칭으로 뚫어 끈을 묶으면
완성!
어렸을 때 즐겨 먹었던 줄줄이 사탕처
럼 그 모양이 앙증맞다.
특히 꼬마 손님에게 선물할 때 응용하
면 환영받는다.

보존 기한에 관하여

"쿠키는 며칠가량 그냥 두어도 괜
찮나요?"라는 질문을 종종 받는다.
실제로 며칠까지 괜찮은지 시험해
본 적도 있는데 완전히 구워 수분
이 남아 있지 않은 쿠키라면 곰팡
이가 생기는 일은 거의 없다. 단 날
짜가 지날수록 쿠키 본연의 풍미가
떨어지므로 가능하면 빨리 먹는 것
이 좋다.

보존 방법

쿠키는 습기에 약하므로 건조제(실리카겔)를
넣어 opp봉투나 뚜껑이 있는 용기에 보관하는
것이 좋다.

바람직한 보존 기한

제대로 된 보관 상태에서 개봉 전이라면 다
음과 같다.
만약 개봉했다면 종류를 불문하고 빨리 먹는
것이 좋다.

*콩비지 드롭쿠키, 바나나 드롭쿠키, 월병,
크럼블 쿠키 등 촉촉한 타입: 상온의 시원
한 곳에서 1~2일(여름에는 냉장 보관할 것).
콩비지 드롭쿠키의 경우 긴 시간(35~40
분) 구워 바삭하게 만들면 1주일 정도까지
가능하다.

*건포도 샌드, 러시안 케이크: 2~3일

*코코아 드롭쿠키, 플랩잭, 엔가디너, 레몬
아이싱쿠키: 4~5일(커팅하지 않은 상태에
서. 만약 커팅했다면 2~3일)

*머랭, 마코롱, 볼로: 1주일

*그 외의 쿠키, 쇼트브레드, 크래커 전반:
2~3주일

*비스코티: 1개월(녹차와 단팥, 초콜릿과 프
룬이 들어간 경우엔 약간 촉촉하므로 4~5일
정도)

공상의 쿠키 가게에
오신 것을 환영합니다

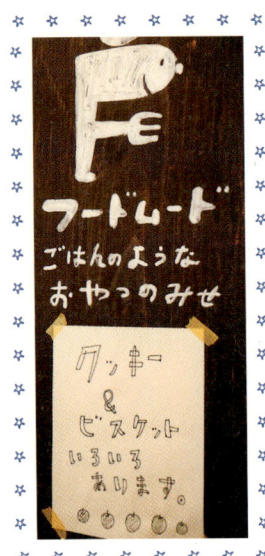

foodmood

밥 같은

간식 가게

쿠키

&

비스킷

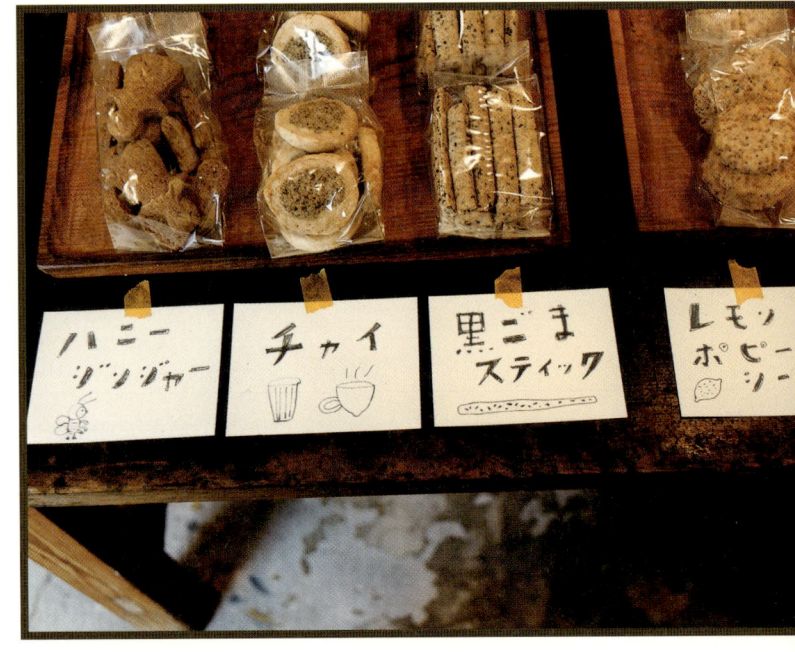

허 니 생 강 쿠 키

오 트 밀 쿠 키

차 이 쿠 키

검 은 깨 볼 로

된 장 크 래 커

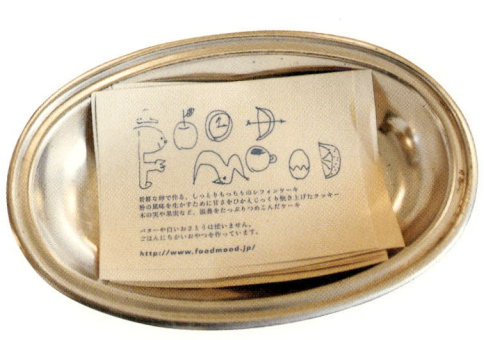

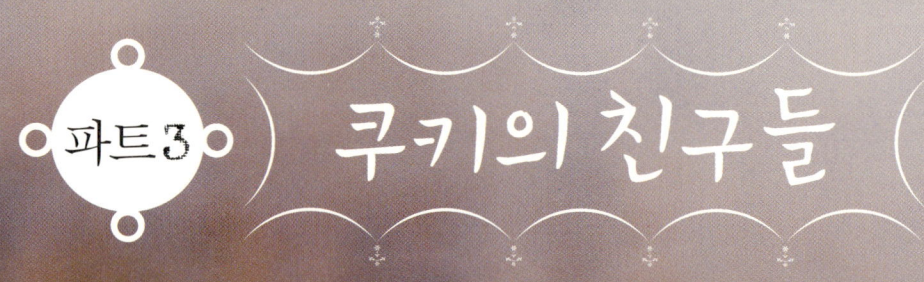

파트3) 쿠키의 친구들

개인적으로 살짝 소금을 뿌려놓은 크래커나 바삭바삭 씹히는 비스코티와 같이 잘 구워진 과자를 매우 좋아한다.
볼로냐 머랭 같은 것은 만드는 방법이 매우 간단하므로 집에서 간식으로 직접 만들어보자.

1
김 소금 크래커

파래김 가루가 넉넉히 들어간
일본풍 크래커다.
생지를 너무 오래 치대지 않아야
파이처럼 층이 생겨
아삭아삭한 식감을 낸다.

❶ 밑작업

◆ 오븐 쟁판에 맞춰 오븐 시트지를 자른다.
◆ 오븐을 170도로 예열한다.

❶ 생지 만들기

볼에 밀가루, 파래김 가루, 소금을 넣고 쌀을 씻듯이 손으로 조물조물 섞는다.

유채유를 넣고 스푼에 남은 기름까지 싹싹 깨끗하게 긁어넣는다.

재료(2.5cm 사각 모양 50개분)

박력분 ... 100g
파래김 가루 ... 1큰술
소금 ... 조금
(엄지와 검지로 한 번 집는 정도)
유채유 ... 2큰술
물 ... 2큰술

기름과 밀가루가 잘 어우러지도록 손끝으로 섞는다. 밀가루와 기름의 덩어리가 몽글몽글해지면

양손으로 비벼 덩어리가 없어질 때까지 섞는다.
＊ 재빨리 섞어야 바삭바삭하다(10초 정도).

전체적으로 잘 섞여 보슬보슬해지면(커다란 덩어리만 없으면 된다) 물을 골고루 뿌려 손으로 휘휘 섞는다.

바깥쪽에서 안쪽으로 반을 접어주는 느낌으로 부드럽게 반죽한다.
＊ 반죽이 잘 뭉치지 않을 때는 물을 약간(분량 외) 넣는다.

❷ 모양내기

오븐 시트지에 얹고 밀대를 이용해 가로 세로 돌려가면서 4mm 두께(18cm 사각 모양)로 편다.

스크래퍼로 가로 세로 각각 7등분해서 칼집을 넣는다.

❸ 굽기

포크로 대각선 모양으로 공기 구멍을 낸다. 시트지 통째로 오븐 쟁반에 올리고 170도 오븐에 30분간 연한 갈색이 돌 때까지 굽는다.

다 구워지면 오븐에서 꺼내 오븐 쟁반 위에서 식힌다. 열이 어느 정도 식으면 칼집 모양대로 잘라 오븐 쟁반 위에서 완전히 식힌다.

2 감자와 로즈메리 크래커

허브의 향을 살린 서양풍 크래커다.
와인이나 치즈와도 잘 어울릴 듯한 분위기.
나도 모르게 자꾸만 손이 가 먹어버렸네……
(만드는 법 78쪽)

3 된장 크래커

된장 향이 살짝 감도는 소박한 크래커다.
맛이 무척 심플해서 크림치즈와 같은
딥 소스에 찍어 먹어도 맛있다.
(만드는 법 79쪽)

2 감자와 로즈메리 크래커

✬ ✬ ✬ ✬ ✬ ✬ ✬ ✬ ✬ ✬ ✬ ✬ ✬ ✬ ✬ ✬ ✬ ✬

재료(4×6cm 12개분)

박력분 ... 100g
로즈메리(드라이) ... 1/2작은술
소금 ... 조금
(엄지와 검지로 한 번 집는 정도)
유채유 ... 2큰술
감자 ... 50g(약 1/2개)

밑작업

*로즈메리는 절구에서 빻거나 키친페이퍼에 싸 서 잘게 자른다.
*감자는 껍질을 벗겨 세라믹 강판에 갈아둔다.
*오븐 쟁반에 맞춰 오븐 시트지를 자른다.
*오븐을 170도로 예열한다.

만드는 법

❶ 볼에 밀가루, 로즈메리, 소금을 넣고 손으로 조물조물 섞는다. 유채유를 넣고 손으로 섞는다. → 양손으로 비벼 덩어리를 으깨가며 섞고→ 강 판에 갈아놓은 감자를 넣어 골고루 섞는다. 생지 를 반으로 접는 느낌으로 한 덩어리로 반죽한다.

❷ 생지를 오븐 시트지에 얹고 밀대를 이용해 4mm 두께(가로 18cm×세로 16cm 정도)로 얇게 민다. 스크래퍼를 이용해 가로 4등분, 세로 3등분 으로 칼집을 내고 포크로 공기 구멍을 낸다.
* 생지가 부드러울 때는 밀대에 랩을 대고 밀면 쉽다.

❸ 시트지 그대로 오븐 쟁반에 얹어 170도 오븐에 30분간 굽는다. 다 구워지면 꺼내 그대로 두어 어 느 정도 열이 식으면 칼집 모양대로 자른다.

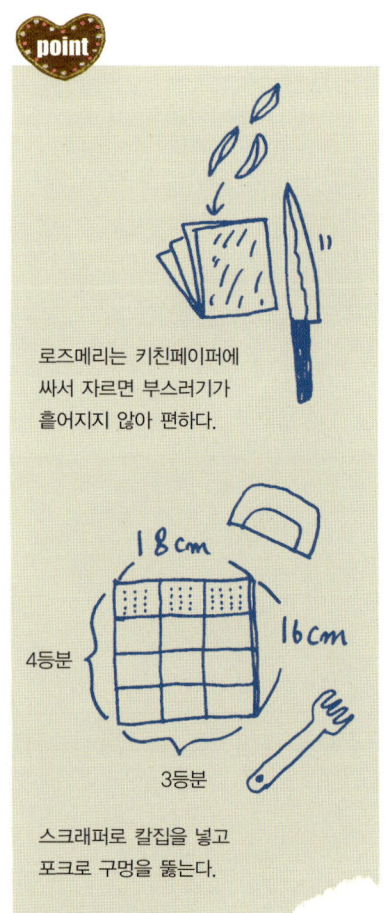

point

로즈메리는 키친페이퍼에 싸서 자르면 부스러기가 흩어지지 않아 편하다.

스크래퍼로 칼집을 넣고 포크로 구멍을 뚫는다.

3 된장크래커

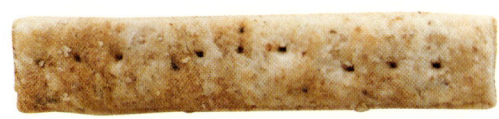

재료(1.5×7cm 20개분)

박력분 ... 80g
통밀가루 ... 20g
유기농설탕 ... 1큰술
유채유 ... 2큰술
된장 ... 1작은술
물 ... 1과 1/2큰술

밑작업

* 된장은 물에 풀어둔다.
* 오븐 쟁반에 맞춰 오븐 시트지를 자른다.
* 오븐을 170도로 예열한다.

만드는 법

❶ 볼에 밀가루와 설탕을 넣고 손으로 조물조물 섞는다. 유채유를 넣고 손으로 가볍게 섞는다. → 양손으로 비벼 덩어리를 으깨가며 섞는다.→ 된장 + 물을 넣어 휘휘 섞는다. 생지를 반으로 접는 느낌으로 한 덩어리로 반죽한다.
* 반죽이 잘 뭉치지 않을 때는 물을 조금(분량 외) 넣는다.

❷ 생지를 오븐 시트지에 얹고 밀대를 이용해 4mm 두께(가로 세로 15cm 사각 모양)로 민다. 스크래퍼로 가로 2등분, 세로 10등분 칼집을 넣고 포크로 공기 구멍을 낸다.

❸ 시트지 통째로 오븐 쟁반에 얹고 170도 오븐에서 30분간 굽는다. 다 구워지면 꺼내 오븐 쟁반 위에 그대로 두어 어느 정도 열이 식으면 칼집 모양대로 자른다.

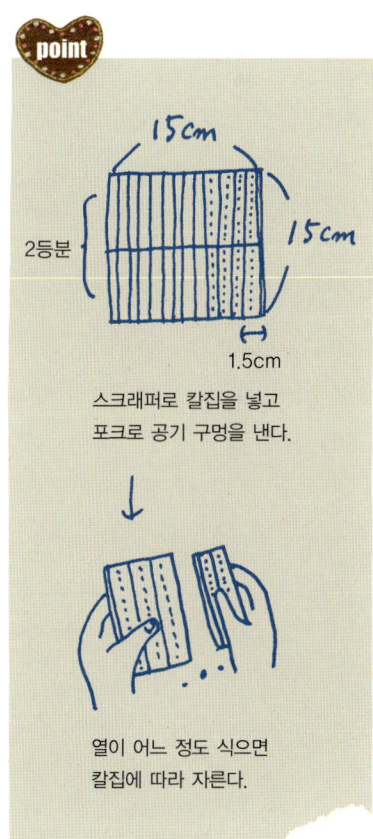

15cm

2등분

15cm

1.5cm

스크래퍼로 칼집을 넣고 포크로 공기 구멍을 낸다.

열이 어느 정도 식으면 칼집에 따라 자른다.

4 코코넛과 레몬 머랭

입안에서 사르르 녹는 코코넛 향 가득한
머랭. 아련한 레몬 풍미가 맛을 돋우어준다.

(만드는 법 84쪽)

5 피넛마코롱

'마카롱'이 아니라 '마코롱'이다.
어렸을 때 자주 먹었던 그리운 맛을
추억하며 만들어보자.
(만드는 법 85쪽)

6 달걀 볼로

입안에 넣으면 사르르 녹아버리는 볼로는
남녀노소 누구나 좋아하는 간식이다.
특히 우리 집에서는 강아지 간식으로도 애용되고 있어
부지런히 만들고 있다.

(만드는 법 86쪽)

7 딸기 볼로

냉동 딸기를 이용해 새콤달콤한 풍미를 한가득 담았다.
핑크색이 살짝 도는 모양은 보기만 해도 깜찍하다.
(만드는 법 87쪽)

8 콩가루와 검정깨 볼로

모양을 조금 크게 만들었더니 한층 바삭바삭해져
색다른 느낌의 볼로가 되었다.
밀대로 밀어 자르기만 하면 되니 모양내기도 간단하다.
(만드는 법 88쪽)

4 코코넛과 레몬 머랭

재료(직경 2cm 50개분)

달걀흰자(중간 크기) ... 1개분
유기농설탕 ... 30g
박력분 ... 20g
코코넛 가루 ... 50g
레몬 껍질 간 것 ... 1개분

밑작업

*오븐 쟁반에 오븐 시트지를 깐다.
*오븐을 120도로 예열한다.

만드는 법

❶ 볼에 달걀흰자와 설탕을 넣고 핸드믹서를 이용해 고속으로 거품을 낸다. 거품기를 들어올렸을 때 자국이 남을 정도의 입자가 곱고 윤기 있는 머랭을 만든다.

❷ 밀가루를 골고루 뿌려주면서 고무주걱으로 꼼꼼히 섞는다. 날밀가루 느낌이 없어지면 코코넛 가루와 함께 갈아놓은 레몬 껍질을 넣고 재빨리 섞는다.

❸ 직경 1cm의 동그란 깍지를 끼운 짤주머니에 생지를 넣는다. 오븐 쟁반에 간격을 두고 직경 2cm로 짠다. 120도의 오븐에서 40분간 굽고 다 구워지면 꺼내 오븐 쟁반에서 식힌다.

● 짤주머니가 없으면 스푼으로 떠내도 된다. 습기에 약하므로 밀폐 용기에 보관한다.

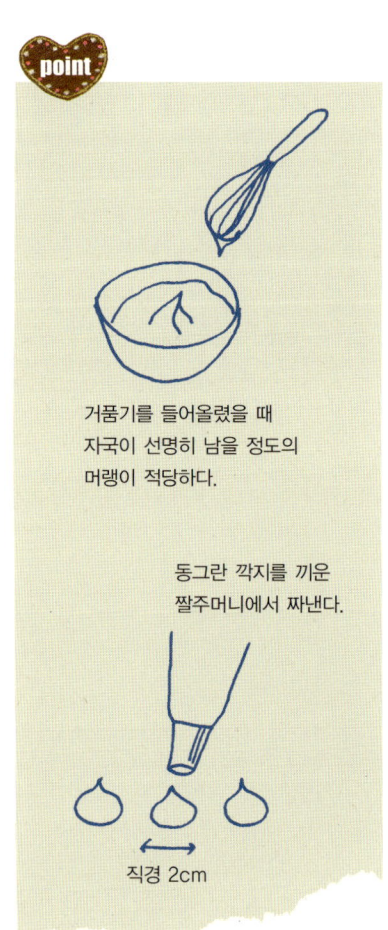

point

거품기를 들어올렸을 때
자국이 선명히 남을 정도의
머랭이 적당하다.

동그란 깍지를 끼운
짤주머니에서 짜낸다.

직경 2cm

5 피넛마코롱

✿ ☆ ✿ ☆ ✿ ☆ ✿ ☆ ✿ ☆ ✿ ☆ ✿ ☆ ✿ ☆ ✿ ☆ ✿ ☆ ✿ ☆ ✿ ☆ ✿

재료(직경 4cm 15개분)

달걀흰자(중간 크기) ... 1개분
흑설탕(분말) ... 30g
박력분 ... 20g
8등분 커팅한 땅콩(시판용) ... 100g

밑작업

＊땅콩은 약한 불에서 기름 없이 살짝 볶는다.
＊오븐 쟁반에 오븐 시트지를 깐다.
＊오븐을 120도로 예열한다.

만드는 법

❶ 볼에 달걀흰자와 설탕을 넣고 핸드믹서로 고속 거품을 낸다. 거품기를 들어올렸을 때 자국이 선명히 남을 정도로, 입자가 곱고 윤기 있는 머랭을 만든다.

❷ 밀가루를 골고루 뿌려주면서 고무주걱으로 꼼꼼히 섞는다. 날밀가루 느낌이 없어지면 피넛을 넣고 가볍게 섞는다.

❸ 생지를 스푼으로 한입 크기로 떠서 오븐 쟁반에 간격을 두고 얹는다. 120도의 오븐에서 60분간 굽는다. 다 구워지면 꺼내 오븐 쟁반에서 식힌다.

● 눅눅해지기 쉬우므로 반드시 밀폐 용기에 보관한다.

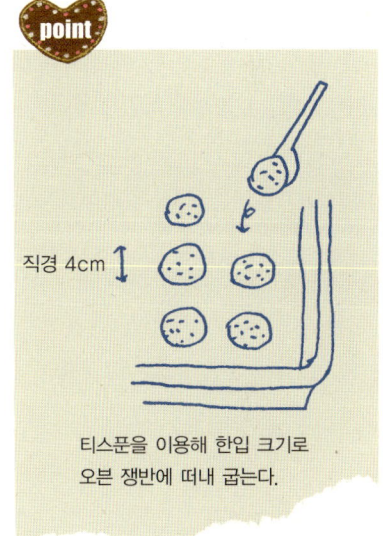

직경 4cm

티스푼을 이용해 한입 크기로
오븐 쟁반에 떠내 굽는다.

8등분하여 커팅한 피넛은 제과재료점이나 중국 음식 재료점에서 판매한다. 일반 피넛을 거칠게 부숴 사용해도 좋다.

6 달걀 볼로

재료(직경 4.5cm 12개분)

녹말가루 ... 70g
유기농설탕 ... 30g
달걀노른자 ... 1개분
두유 ... 1작은술
(성분 무조정 제품)

밑작업

* 오븐 쟁반에 오븐 시트지를 깐다.
* 오븐을 170도로 예열한다.

만드는 법

❶ 볼에 설탕, 달걀노른자, 두유를 넣고 고무주걱으로 부드럽게 섞은 후 녹말가루를 넣어 가볍게 섞는다. 거의 다 섞어졌다 싶으면 손바닥으로 살짝 누르듯 반죽한다(귓불 정도의 말랑말랑한 굳기가 적당하다).

* 반죽이 잘 뭉치지 않을 때는 두유를 조금(분량 외) 넣는다. 반대로 너무 달라붙을 때는 녹말가루를 조금(분량 외) 넣는다.

❷ 생지를 적당한 굵기의 막대 모양으로 만든 후 스크래퍼를 이용해 12등분한다. 손으로 동그랗게 만든 다음 가볍게 눌러 직경 4cm로 만든다.

❸ 오븐 쟁반에 간격을 두고 올린 뒤 170도 오븐에서 15분간 굽는다. 다 구워지면 꺼내 오븐 쟁반에서 식힌다.

● 녹말가루는 밀가루보다 수분을 천천히 흡수하기 때문에 반죽할 때 힘들더라도 처음부터 물을 너무 많이 넣지 않도록 한다.

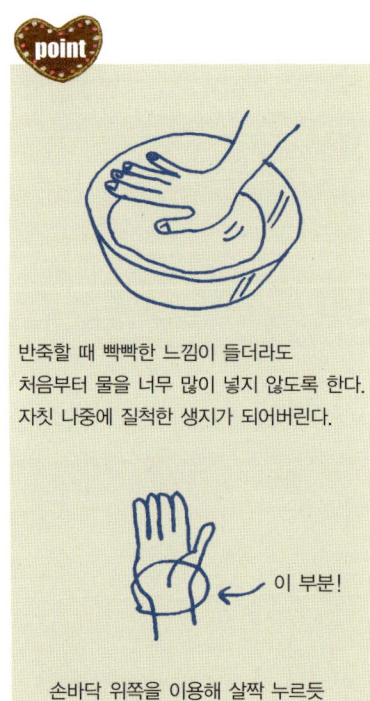

point

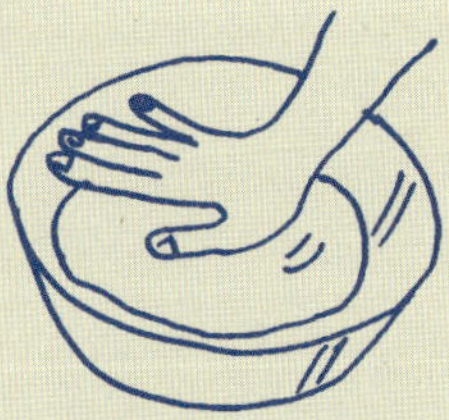

반죽할 때 빡빡한 느낌이 들더라도 처음부터 물을 너무 많이 넣지 않도록 한다. 자칫 나중에 질척한 생지가 되어버린다.

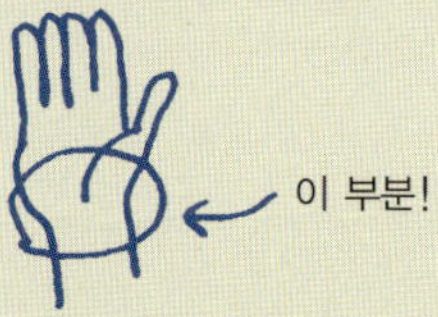

손바닥 위쪽을 이용해 살짝 누르듯 생지를 반죽한다.

7 딸기 볼로

✿ ✿ ✿ ✿ ✿ ✿ ✿ ✿ ✿ ✿ ✿ ✿ ✿ ✿ ✿ ✿ ✿ ✿ ✿

재료(직경 2cm 30개분)

녹말가루 ... 60g
냉동 딸기 ... 10g (1봉)
유기농설탕 ... 30g
달걀노른자 ... 1개분
두유 ... 1작은술
(성분 무조정 제품)

밑작업

* 냉동 딸기는 푸드프로세서나 절구를 이용해 잘
  게 부순다.
* 오븐 쟁반에 오븐 시트지를 깐다.
* 오븐을 170도로 예열한다.

만드는 법

❶ 볼에 설탕, 달걀노른자, 두유를 넣고 고무주걱
으로 부드럽게 섞은 다음 녹말가루와 냉동 딸기
를 넣고 가볍게 섞어준다. 재료가 잘 어우러졌다
싶으면 손바닥 위쪽으로 살짝 눌러가며 한 덩어
리로 반죽한다(귓불 정도의 말랑말랑한 굳기가 적
당하다).

*반죽이 빡빡할 때는 두유를 조금(분량 외) 넣고 반대로 너
　무 달라붙을 때는 녹말가루(분량 외)를 조금 넣는다.

❷ 생지를 적당한 굵기의 막대 모양으로 만들어
스크래퍼로 30등분한다. 손으로 동그랗게 만들
어 오븐 쟁반에 간격을 두고 올린다. 170도 오
븐에서 15분간 굽는다. 다 구워지면 꺼내 오븐
쟁반에서 식힌다.

● 녹말가루는 밀가루보다 천천히 수분을 흡수하므로 반죽
　이 빡빡하더라도 처음부터 물을 너무 많이 넣지 않도록
　한다.

딸기를 그대로 냉동 건조시킨 제품은 선명한
색감과 신선한 풍미가 그대로 남아 있다.

8 콩가루와 검정깨 볼로

재료
(직경 3.5cm 사각 모양 9개분)

녹말가루 ... 50g
콩가루 ... 10g
검정깨 ... 1큰술
유기농설탕 ... 30g
달걀노른자 ... 1개분
두유 ... 1작은술
(성분 무조정 제품)

밑작업

*오븐 쟁반에 오븐 시트지를 깐다.
*오븐을 170도로 예열한다.

만드는 법

❶ 볼에 설탕, 달걀노른자, 두유를 넣고 고무주걱으로 부드럽게 섞은 다음, 녹말가루와 콩가루, 검정깨를 넣고 가볍게 섞는다. 거의 다 섞인 듯하면 손바닥 위쪽으로 살짝 눌러가며 반죽한다(귓불 정도의 말랑말랑한 굳기가 적당하다).

*반죽이 빡빡할 때는 두유를 조금(분량 외) 넣고, 반대로 너무 달라붙을 때는 녹말가루를 조금(분량 외) 넣는다.

❷ 밀대를 이용해 생지를 1cm 두께(9cm 사각 모양)로 얇게 편 뒤 가로 세로 각각 3등분으로 해서 스크래퍼로 자른다.

❸ 오븐 쟁반에 간격을 두고 올린 뒤 170도 오븐에 25분간 굽는다. 다 구워지면 꺼내 오븐 쟁반에서 식힌다.

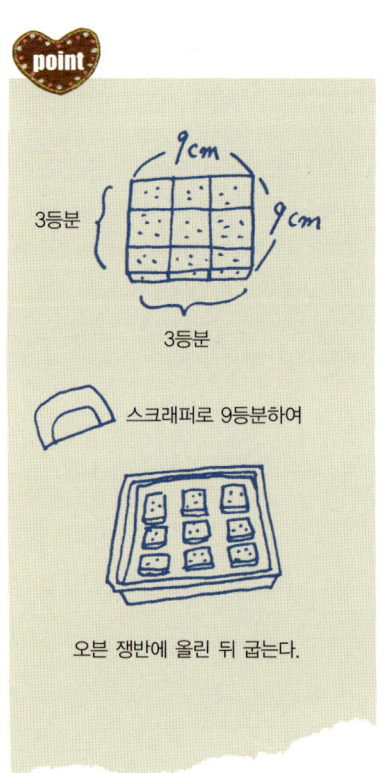

point

3등분
9cm
9cm
3등분

스크래퍼로 9등분하여

오븐 쟁반에 올린 뒤 굽는다.

9 바닐라와
슬라이스아몬드
비스코티

달걀을 풍성히 거품을 내어 만드는 비스코티는
시간은 다소 걸리지만 입에서 녹는 느낌이 좋아
개인적으로 좋아하는 레시피다.
섬세한 소재의 풍미를 살리고 싶을 때는 꼭 한번 만들어보자.
바닐라의 부드러운 향이 입안 가득 퍼지는 비스코티다.

9 바닐라와 슬라이스 아몬드 비스코티

재료(11cm 15개분)

박력분 ... 120g
유기농설탕 ... 50g
달걀(중간 크기) ... 1개
바닐라빈즈 ... 1/2개
유채유 ... 1큰술
슬라이스 아몬드 ... 50g

⓿ 밑작업

❶ 생지를 만든다

◆ 슬라이스 아몬드는 약한 불에 기름 없이 살짝 볶는다.
◆ 오븐 쟁판에 맞춰 오븐 시트지를 자른다.
◆ 오븐을 180도로 예열한다.

볼에 설탕, 달걀, 그리고 세로로 반을 갈라 안의 내용물을 발라낸 바닐라빈즈를 넣고 핸드믹서로 고속 거품을 낸다.

거품기를 들었을 때 걸쭉하게 떨어지면서 약간 자국이 남는 정도면 OK.

유채유를 넣고 스푼에 남은 기름까지 싹싹 닦아 넣는다.

핸드믹서를 저속으로 가볍게 돌린다. 핸드믹서의 머리 부분을 기계에서 떼내어 손에 쥐고 골고루 섞어가며 마무리한다.

밀가루를 고루 뿌려 넣는다.

고무주걱으로 자르는 느낌으로 치대고 볼을 45도 정도 앞쪽으로 기울여 돌려가며 골고루 섞는다.

흰 밀가루가 살짝살짝 보일 때 슬라이스 아몬드를 넣고 날밀가루 느낌이 없어질 때까지 가볍게 섞는다.

❷ 모양내기

오븐 시트지에 올린 다음 손에 물을 조금(분량 외) 묻혀 1.5cm 두께(가로 20cm×세로 10cm)로 펴준다. 180도 오븐에서 15분간 굽는다.

❸ 잘라서 굽기

다 구워지면 오븐 쟁반 위에 그대로 두어 어느 정도 열이 식으면 나이프를 이용해 1.5cm 폭으로 자른다.

단면을 위로 향하게 하여 오븐 시트지가 깔린 오븐 쟁반에 나란히 올린다. 이번에는 150도에서 30분간 굽는다. 다 구워지면 꺼내서 오븐 쟁반 위에서 식힌다.

10 말차와 호두 비스코티

달걀흰자와 노른자를 함께 섞어서 만든 비스코티.
말차의 풍미가 제대로 느껴지도록
단맛은 최소한으로 했다.
(만드는 법 94쪽)

11 녹차와 단팥 비스킷

홍차 잎을 과자에 사용하는 레시피는 왠지 멋부린
느낌이 들어서 평소 나는 소박한 녹차 잎을 즐겨 이용한다.
항상 곁에 있어 편안하게 느껴지는 맛,
이런 친근함이 좋다.
(만드는 법 95쪽)

12 초콜릿과 프룬 비스코티

달걀 거품을 내지 않고 그냥 재료를 섞는
퀵 비스코티다.
프룬 대신 살구나 무화과를 넣어도 맛있다.
(만드는 법 96쪽)

13 커피와 피칸너츠 비스코티

감칠맛 나는 피칸너츠에 커피를 넣어 응용해보았다.
바삭한 비스코티는 개성 강한 재료들과도
잘 어울리는 묘한 매력이 있다.
(만드는 법 97쪽)

10 말차와 호두 비스코티

재료(직경 11cm 15개분)

박력분 ... 100g

말차 ... 1큰술

와산본당 ... 50g

(또는 유기농설탕)

달걀(중간 크기) ... 1개분

유채유 ... 1큰술

호두 ... 50g

(기름 없이 살짝 볶은 후 큼직하게
잘라놓은 것)

밑작업

*오븐 쟁반에 오븐 시트지를 깐다.

*오븐을 180도로 예열한다.

만드는 법

❶ 볼에 설탕, 달걀을 넣고 핸드믹서로 충분히 거
품을 낸다. 유채유를 넣고 잘 섞은 다음 밀가루를
골고루 뿌려 고무주걱으로 꼼꼼히 섞는다. 호두
를 넣고 날밀가루 느낌이 없어질 때까지 섞는다.

❷ 스크래퍼를 이용해 생지를 오븐 시트지에 얹
고 손에 물을 조금(분량 외) 묻혀 1.5cm 두께(가
로 20cm×세로 10cm 정도)로 눌러 편다. 시트지
통째로 오븐 쟁반에 얹어 180도 오븐에서 15분간
굽는다. 다 구워지면 꺼내 오븐 쟁반에서 그대로
식힌다.

❸ 열이 어느 정도 식으면 1.5cm 폭으로 자르고,
단면을 위로 향하게 하여 오븐 쟁반에 올린다. 이
번에는 150도로 예열한 오븐에서 다시 30분간 굽
는다. 다 구워지면 오븐 쟁반에서 그대로 식힌다.

섬세한 수작업으로 만들어진 와산본당은 고급
스러운 단맛이 나며 소재 본연의 풍미를 그대
로 살려준다. 입자가 고우며 쿠키에 들어가면
한층 바삭한 식감이 살아난다.

11 녹차와 단팥 비스킷

✫ ✫ ✫ ✫ ✫ ✫ ✫ ✫ ✫ ✫ ✫ ✫ ✫ ✫ ✫ ✫ ✫ ✫ ✫ ✫

재료(직경 11cm 15개분)

| 박력분 ... 100g
| 녹차 잎 ... 2큰술
유기농설탕 ... 40g
달걀(중간 크기) ... 1개분
유채유 ... 1큰술
설탕에 절인 단팥 ... 80g

밑작업

*녹차 잎은 절구나 미니믹서(34쪽 참조)를 이용해 잘게 빻는다.

*오븐 쟁반에 맞추어 오븐 시트지를 자른다.

*오븐을 180도로 예열한다.

만드는 법

❶ 볼에 설탕, 달걀을 넣고 핸드믹서로 진득한 느낌이 날 때까지 거품을 낸다. 유채유를 넣고 섞은 뒤 밀가루(채에 쳐서 넣는다)와 찻잎을 넣어 고무주걱으로 가볍게 섞는다. 단팥을 넣고 날밀가루 느낌이 없어질 때까지 섞는다.

❷ 생지를 스크래퍼를 이용해 오븐 시트지에 얹고 손에 물을 조금(분량 외) 묻혀 1.5cm 두께(가로 20cm×세로 10cm 정도)로 눌러 편다. 시트지 통째로 오븐 쟁반에 얹어 180도 오븐에서 15분간 굽는다. 다 구워지면 꺼내 오븐 쟁반에서 식힌다.

❸ 열이 어느 정도 식으면 1.5cm 폭으로 자르고, 단면을 위로 향하게 하여 오븐 쟁반에 올린다. 이번에는 150도로 예열한 오븐에서 다시 30분간 굽는다. 다 구워지면 오븐 쟁반에서 그대로 식힌다.

과자에 팥을 넣을 때는 설탕에 조린 단팥을 이용하는 경우가 많다. 설탕만 넣어 조린 팥은 적당히 부드러워 사용하기 편하다.

12 초콜릿과 프룬 비스코티

✿ ✿ ✿ ✿ ✿ ✿ ✿ ✿ ✿ ✿ ✿ ✿ ✿ ✿ ✿ ✿ ✿ ✿

재료(직경 5cm 30개분)

박력분 ... 100g
코코아 ... 20g
베이킹파우더 ... 1/3작은술
유기농설탕 ... 50g
달걀(중간 크기) ... 1개분
유채유 ... 1큰술
초콜릿(큼직하게 자른 것) ... 70g
프룬(씨 빼서 큼직하게 자른 것) ... 5개

밑작업

*오븐 쟁반에 맞춰 오븐 시트지를 자른다.
*오븐을 180도로 예열한다.

만드는 법

❶ 볼에 설탕, 달걀, 유채유를 넣고 거품기로 어우러질 때까지 섞는다. 밀가루를 채에 쳐서 넣고 고무주걱으로 섞은 다음 초콜릿과 프룬을 넣어 날밀가루 느낌이 없어질 때까지 섞는다.

❷ 생지를 2등분하여 오븐 시트지에 놓고 손에 물을 조금(분량 외) 묻혀 15cm 길이의 해삼 모양으로 만든다. 180도 오븐에서 15분간 굽는다. 다 구워지면 꺼내 오븐 쟁반에서 식힌다.

❸ 열이 어느 정도 식으면 1cm 폭으로 자르고, 단면을 위로 향하게 하여 오븐 쟁반에 올린다. 이번에는 150도로 예열한 오븐에서 다시 30분간 굽는다. 다 구워지면 오븐 쟁반에서 그대로 식힌다.

point

← 15cm →

해삼 모양 = 약간 길쭉한 원형

13 커피와 피칸너츠 비스코티

재료(5cm 길이 30개분)

박력분 ... 120g
베이킹파우더 ... 1/3작은술
인스턴트커피 ... 2큰술(과립)
유기농설탕 ... 50g
달걀(중간 크기) ... 1개분
유채유 ... 1큰술
피칸너츠 ... 50g

밑작업

*피칸너츠는 프라이팬에 약한 불에서 기름 없이
 살짝 볶은 다음 거칠게 부순다.
*오븐 쟁반에 맞추어 오븐 시트지를 자른다.
*오븐을 180도로 예열한다.

만드는 법

❶ 볼에 설탕, 달걀, 유채유를 넣고 거품기로 섞는다. 밀가루(채에 쳐서 넣는다)를 골고루 뿌리고 이때 커피를 함께 넣어 고무주걱으로 섞는다(커피 입자가 남아 있어도 상관없다). 피칸너츠를 넣고 날밀가루 느낌이 없어질 때까지 섞는다.

❷ 생지를 2등분하여 오븐 시트지에 놓고 손에 물을 조금(분량 외) 묻혀 15cm 길이의 해삼 모양으로 만든다. 180도 오븐에서 15분간 굽는다. 다 구워지면 꺼내 오븐 쟁반에서 식힌다.

❸ 열이 어느 정도 식으면 1cm 폭으로 자르고, 단면을 위로 향하게 하여 오븐 쟁반에 올린다. 이번에는 150도로 예열한 오븐에서 다시 30분간 굽는다. 다 구워지면 오븐 쟁반에서 그대로 식힌다.

피칸너츠. 호두와 비슷하지만 떫은맛이 덜해서
깊이 있는 너츠의 맛을 살리고자 할 때 사용하
면 좋다.

매일 먹고 싶은 '밥 같은'
쿠키와 비스킷

초판 1쇄 발행 2011년 1월 15일
초판 4쇄 발행 2017년 4월 10일

지은이 나카시마 시호
옮긴이 이은경
펴낸이 명혜정
펴낸곳 도서출판 이아소

북디자인 김은희

등록번호 제311-2004-00014호
등록일자 2004년 4월 22일
주소 121-841 서울시 마포구 서교동 487 대우미래사랑 1012호
전화 (02)337-0446 **팩스** (02)337-0402

책값은 뒤표지에 있습니다.
ISBN 978-89-92131-39-1 13590

도서출판 이아소는 독자 여러분의 의견을 소중하게 생각합니다.
E-mail: iasobook@gmail.com